南昌航空大学学术文库

基于"互动—耦合—支撑"视角的江西省科技服务业发展模式及策略

李文川 著

中国财经出版传媒集团
经济科学出版社
Economic Science Press

图书在版编目（CIP）数据

基于"互动—耦合—支撑"视角的江西省科技服务业发展模式及策略/李文川著．—北京：经济科学出版社，2018.12
ISBN 978 - 7 - 5141 - 9997 - 0

Ⅰ.①基… Ⅱ.①李… Ⅲ.①科技服务-服务业-产业发展-研究-江西 Ⅳ.①G322.756

中国版本图书馆 CIP 数据核字（2018）第 280485 号

责任编辑：李　雪　赵　岩
责任校对：王肖楠
版式设计：齐　杰
责任印制：邱　天

基于"互动—耦合—支撑"视角的江西省科技服务业发展模式及策略

李文川　著

经济科学出版社出版、发行　新华书店经销
社址：北京市海淀区阜成路甲 28 号　邮编：100142
总编部电话：010 - 88191217　发行部电话：010 - 88191522
网址：www.esp.com.cn
电子邮件：esp@esp.com.cn
天猫网店：经济科学出版社旗舰店
网址：http://jjkxcbs.tmall.com
固安华明印业有限公司印装
710×1000　16 开　12.25 印张　220000 字
2018 年 12 月第 1 版　2018 年 12 月第 1 次印刷
ISBN 978 - 7 - 5141 - 9997 - 0　定价：49.00 元
（图书出现印装问题，本社负责调换。电话：010 - 88191510）
（版权所有　侵权必究　打击盗版　举报热线：010 - 88191661
QQ：2242791300　营销中心电话：010 - 88191537
电子邮箱：dbts@esp.com.cn）

本书得到以下基金项目资助：
国家自然科学基金项目（71461022）
江西省软科学研究计划项目（20161BBA10050）
国家留学基金项目（201808360045）
南昌航空大学"青年英才开发计划"

前　言

作为现代服务业的重要组成部分之一,科技服务业具有创新能力强、科技水平高、辐射范围广、发展潜力大及附加值高等典型特征,具有支撑产业创新和培育新经济增长点的双重功能。发展科技服务业是加快江西省实施创新驱动、推动产业结构优化升级、促进经济提质增效的重要举措。当前,江西省科技服务业虽已有一定发展,但总体还处于初级阶段,产业发展速度和水平还不能满足江西省科技、经济和社会创新发展的需要,尚缺乏行之有效的发展模式和有针对性的推进策略。从系统要素构成的角度来看,科技服务业是一个由服务主体及资源、服务对象、服务内容、服务目标和外部环境等诸多要素构成的统一有机整体,具有互动性、耦合性和环境支撑性等典型特征。因此,基于"互动—耦合—支撑"视角,研究江西省科技服务业发展模式及策略具有重要意义。本书主要包括以下几个部分的内容:

(1) 国内外科技服务业发展经验介绍。梳理了近年来国外发达国家和国内发达省市科技服务业发展经验,重点介绍了韩国、英国、德国以及我国北京市、浙江省、广东省科技服务业的发展历程、发展现状及发展经验。

(2) 江西省科技服务业发展现状分析。从科技服务业发展基础、科技服务业各细分业态等多个方面对江西省科技服务业整体发展现状进行了介绍,从发展规模、投资力度和人力资源等三个维度对比分析了江西省与周边部分省市的科技服务业发展情况,通过SWOT分析厘清了江西省科技服务业发展的优势条件和瓶颈制约,构建了江西省科技服务业发展水平综合评价体系，实证研究了江西省科技服务业发展影响因素。

（3）科技服务业发展机理研究。重新界定了科技服务业的概念及内涵，提炼了科技服务业的典型特征，分析了科技服务系统的构成要素，基于"互动—耦合—支撑"视角，从科技创新链和科技支撑要素维度研究了科技服务业细分业态之间的互动机理，从社会分工、价值链升级和产业融合等三个维度研究了科技服务业和重点产业间的耦合机理，从政府行为、金融环境、行业技术进步、基础建设和公众意识等维度研究了宏观外部环境对科技服务业发展的支撑机理。

（4）江西省科技服务业发展模式研究。总结了现有的科技服务业典型发展模式，对比分析了各模式的具体特征，提出了江西省科技服务业发展目标，从业态、产业和环境等角度，系统性提出了江西省科技服务业"细分业态互动—重点产业耦合—外部环境支撑"的多维协同发展模式，并进一步研究了该模式的内涵、特点、框架及运行机制。

（5）江西省科技服务业协同发展影响因素研究。将科技服务业全链条协同发展划分为协同关系的"产生"和协同关系的"维系"两个阶段，从细分业态专业服务能力、主体连接性、资源互补性等多个方面提出了影响江西省科技服务业协同发展的因素假设，通过问卷调查和结构方程模型对理论假设进行了实证检验。

（6）江西省科技服务业发展策略研究。立足于江西省科技服务业发展现状，以江西省十大战略性新兴产业为切入点，结合科技服务业系统构成要素及发展机理，从促进科技细分业态间互动、推动科技服务业与重点产业耦合和构建科技服务业发展环境支撑体系等三个方面系统性提出了具有针对性的江西省科技服务业发展策略。

本书由我主持的国家自然科学基金项目（71461022）、江西省软科学研究计划项目（20161BBA10050）、国家留学基金项目（201808360045）、南昌航空大学"青年英才开发计划"等多个项目研究的部分研究成果集结而成，也是我访学期间的成果之一。感谢相关基金项目的支持，以及美国田纳西大学金明洲教授、南昌航空大学冯良清教授对我的帮助及指导。

  在本书撰写过程中，研究生胡雅文在第 2 章～第 3 章的数据及案例收集，重庆理工大学景熠副教授在第 6 章影响机理模型构建，研究生章鑫、高思源在数据处理等方面从不同程度上提供了帮助和支持，在此表示感谢。感谢课题组成员一直以来的支持。

李文川

2018 年 7 月

目录

第1章 绪论 / 1
- 1.1 研究背景及意义 / 1
- 1.2 国内外研究现状 / 5
- 1.3 研究方案 / 12

第2章 国内外科技服务业发展经验 / 18
- 2.1 韩国科技服务业发展经验 / 18
- 2.2 英国科技服务业发展经验 / 22
- 2.3 德国科技服务业发展经验 / 25
- 2.4 中国发达省市科技服务业发展经验 / 29
- 2.5 科技服务业发展经验总结 / 35
- 2.6 本章小结 / 36

第3章 江西省科技服务业发展现状 / 38
- 3.1 江西省科技服务业发展现状分析 / 38
- 3.2 江西省科技服务业发展SWOT分析 / 64
- 3.3 江西省科技服务业发展影响因素 / 72

3.4 本章小结 / 78

第4章 科技服务业发展机理 / 80
4.1 科技服务业的内涵、特征及构成要素 / 80
4.2 科技服务业细分业态间的互动机理 / 87
4.3 科技服务业与重点产业的耦合机理 / 91
4.4 外部环境对科技服务业的支撑机理 / 97
4.5 本章小结 / 102

第5章 江西省科技服务业发展模式 / 103
5.1 科技服务业典型发展模式 / 103
5.2 江西省科技服务业发展目标 / 116
5.3 江西省科技服务业多维协同发展模式 / 120
5.4 本章小结 / 134

第6章 江西省科技服务业协同发展影响因素 / 135
6.1 科技服务业协同发展影响机理模型构建 / 136
6.2 研究设计 / 140
6.3 数据分析 / 146
6.4 结果分析与启示 / 151
6.5 本章小结 / 152

第7章 江西省科技服务业发展策略 / 154
7.1 加强科技服务业细分业态间的互动 / 154
7.2 推动科技服务业与重点产业的耦合 / 159
7.3 构建科技服务业发展环境支撑体系 / 162
7.4 本章小结 / 166

第8章 结论和展望 / 167

    8.1 主要结论 / 167

    8.2 不足与展望 / 170

附录 调查问卷 / 172

参考文献 / 176

第1章

绪　　论

本章主要介绍研究背景及意义，分析国内外研究现状并对现有研究成果进行评述，介绍研究目标、研究内容、研究方法、技术路线与创新之处。

1.1　研究背景及意义

1.1.1　研究背景

科学技术是先进生产力的集中体现和重要标志。在国家科技创新系统建设过程中，其核心是强调科技创新系统中各要素之间的协调，加快科技创新服务体系建设，推动科技服务业的发展。作为现代服务业的重要组成部分之一，科技服务业具有创新能力强、科技水平高、辐射范围广、发展潜力大及附加值高等典型特征。此外，作为科技与经济有效结合的纽带，科技服务业具有支撑产业创新和培育新经济增长点的双重功能。推动科技服务业快速发展，是加快科技创新和科技成果转化的必然现实要求，是促进产业结构调整优化、培养新经济增长点的重要引擎。在国家大力推进创新体系建设和经济服务化的背景下，科技服务产业已成为集聚创新要素、共享技术资源的重要举措。只有依靠科技进步与技术创新，才能推动一个国家或地区的经济社会快速发展。

我国政府已经逐步意识到科技服务业对推动国家市场经济繁荣有着非常重要的影响。近年来，国务院及相关部门陆续颁布了推进科技服务业快速发展的若干政策措施。2006年，国家制定的《国家中长期科学和技术发展规划纲要（2006~2020年）》就把加快科学技术发展、缩小与发达国家的差距作为发展重点。2014年，国务院颁布的《国务院关于加强科技服务业发展若干意见》明确指出要大力发展科技服务业，加强科技创新服务能力建设，提高科技服务市场化水平和国际竞争力，增强科技服务业对科技创新和产业升级的支撑作用。为加快实施国家创新驱动发展战略，中共中央、国务院于2016年发布的《国家创新驱动发展战略纲要》加大了对科技创新产业的保障力度。与此同时，为加快推动现代服务业创新发展，明确"十三五"时期现代服务业领域科技创新的目标、任务和方向，科技部在2017年编制了《"十三五"现代服务业科技创新专项规划》。

随着国家对科技服务业的高度重视，各级地方政府也纷纷出台了相关政策推动持科技服务业的发展。山东省先后制定出台《加快科技服务业发展的实施意见》和《山东省科技服务业转型升级实施方案》，以及一系列相关政策措施，为全省培育发展壮大科技服务业提供了政策保障。为推进全省服务业又好又快发展，河北省也出台了《关于促进全省服务业发展若干政策措施》，对经认定后可享受相应的高新技术企业实施优惠政策。在国家及相关部门政策的指导和推动下，我国科技服务业得到了快速发展，科技服务机构种类越来越多，向社会各界提供了形式多样的专业化服务。截至2015年年底，全国共有科技企业孵化器1 500个，主要分布在江苏、北京、浙江、山东、上海、辽宁和广东等省市，分布状况相对集中；共建设有国家地方联合工程研究中心（工程实验室) 117个,国家工程实验室153个,国家认定企业技术中心1 187家,生产力促进中心约有2 388家。中国科技服务体系正在逐步完善,科技产业的迅猛发展为全国各省市带来了更多的经济效益[①]。以广东省为例,在"十二五"期间,科技服务业已经成为广州市政府立志重点发展的产业之一,2014年广州市科技服务总收入和技术合同认定交易金额均创历史新高,分别为601.1亿元和246.8亿元,科技企业的孵化能力和产业支撑作用在不断加强[②]。

作为新经济时代的一种新业态,科技服务业在推动江西省产业结构优化升级过程中同样发挥着关键重要作用。一方面,通过科技服务业与战略性新兴产业相互集聚,打造错位发展、优势互补的空间分布格局,有机会形成产业协同发展态势,从而实现资源集成和资源配置优化,提升新兴产业生产效率,推动产业结构升级。另一方面,通过科技服务业来创新发展模式,实现区域内独特的专业化人才教育和培训体系,形成企业间竞争与合作的文化氛围以及创新机制,从而推动江西省科技服务业和其他相关产业的共同升级。因此,需要进一步重视并积极推动江西省科技服务业的快速高效优质发展。

与科技服务业在经济社会发展中扮演着越来越重要的角色,以及科技服务业发展速度越来越快等现象不相适应的是,尽管近年来江西省科技服务业已有一定发展,但总体上仍处于初级阶段,产业发展速度和水平都还不能满足江西省科技、经济和社会发展的需要。截至2017年年底,全省研究与试验发展(R&D)经费支出250.1亿元,占GDP的比重为1.2%;拥有国家工程(技术)研究中心8个,省工程(技术)研究中心300个,国家级重点实验室4个,省级重点实验室157个;受理专利申请70 591件,授权专利33 029件,签订技术合同2 404项,技术

---

① 资料来源于国家统计局官网。
② 广东:夯实基础-架构科技创新的全链条服务体系[J]. 广东科技,2015(13):18-19.

市场合同成交金额96.2亿元，与广东、江苏等兄弟省市的差距甚远①。当前，江西省科技服务业的发展还面临着许多问题亟待解决：一方面，相关部门还未充分认识到科技服务业对经济社会发展的重要性，科技服务产业相关从业人员数量较少且专业化水平不高，严重影响江西省科技服务业的发展进程。另一方面，科技服务业生产值占全省GDP的比例还比较低，存在科技服务产业链条不完善、与重点产业衔接不紧密、科技与创新力量不强、服务机构专业化水平不高、缺乏多元化资金投入、政策引导力不足和各市科技服务业发展水平参差不齐等诸多问题。为了加快我省创新驱动发展战略的实施步伐，推进科技与经济深度融合，引领和支撑产业结构优化升级，推动经济提质增效，需要加快推动科技服务业发展。

1.1.2 研究意义

本书立足于经济服务化的时代背景，针对加快江西省实施创新驱动发展战略、优化升级产业结构、推动经济提质增效的迫切现实需要，紧密联系江西省科技服务业发展实际状况，从理论上揭示科技服务业的内在发展规律及机理，提出江西省科技服务业"细分业态互动—重点产业耦合—外部环境支撑"的多维协同发展模式，识别出江西省科技服务业协同发展的关键因素，并提出相应的发展策略。因此，本书研究具有较为重要的理论价值和现实意义。

（1）理论价值。尽管国内外有关科技服务业的理论研究已取得了较多成果，但仍处于发展阶段，还有许多现实问题亟待探索和解决。本书根据科技服务业及其细分业态的典型特征，基于"互动—耦合—支撑"视角，对科技服务系统进行了全要素分析，研究了科技服务业的内在发展规律及机理，结合江西省科技服务业发展现状，构建了科技服务业多

---

① 本数据来源于江西省2017年国民经济和社会发展统计公报，经作者整理而得。

维协同发展模式，设计了其运行机制，实证研究了科技服务业协同发展的影响因素，在此基础上提出了一套推进江西省科技服务业发展的策略。研究视角具有系统性和创新性，研究成果可丰富和拓展产业发展理论和创新管理理论的研究与应用领域。

（2）实际意义。本书结合江西省区域产业经济发展基础和科技服务业发展现状，在总结分析国内外先进省市科技服务业发展历程及经验的基础上，深入探讨江西省科技服务业的发展模式及策略问题。通过实地调研与统计资料研究，深入分析科技服务业细分业态之间的互动发展关系、科技服务业与重点产业（战略性新兴产业）的耦合关系、宏观外部环境对科技服务业的支撑保障关系，并在此基础上，提出具有针对性、切实可行的发展策略，有利于推动我省科技服务业向专业化、规模化、协同化方向发展和升级，促进经济提质增效。

1.2 国内外研究现状

围绕本书的主题，目前国内外有关的研究主要集中在以下几个方面：科技服务业的概念及内涵研究、科技服务业发展模式及机制研究、科技服务业政策支撑体系和科技服务业发展评价研究等。

1.2.1 科技服务业的概念及内涵研究

关于科技服务业的概念，目前国内外学者都还没有完全达成共识。在国外，科技服务业又被称作"知识服务业"或者"知识密集型服务业"。因此，大部分国外学者将研究对象主要集中在知识密集型服务业（knowledge-intensive business service, KIBS）这一范围内，KIBS 是一个提供知识密集型投入的机构，其服务对象是其他组织（包括私营和公共部门客户）的业务流程。在经济合作与发展组织（Organization for Economic Co-operation and Development，OECD）定义中，知识密集型产业即为科技服务业。在不少发达国家，与科技服务业这一概念相对应的也主要是指知识密集型服务业这个新兴产业。"知识密集型服务业"这一概念是由学者丹尼尔·贝尔（Daniel Bell）于1974年在其著作《后工业社会的来临》（The coming of post-industrial society）一书中率先提出来的，丹尼尔·贝尔认为随着理论知识中心地位的突出，科学与技术之间出现了一种新型关系，这种关系使得社会重心逐渐转向知识领域的新行业——知识密集型服务业。埃尔托赫（Hertog）也认为，知识密集型服务业是主要依靠具有某领域专业知识的公司或其他机构为用户提供以知识为基础的中间产品或服务的行业。随着知识密集型服务业与客户企业之间的交互程度不断加深，穆勒等（Muller et al.）提出了知识密集型服务业既是知识的供应商，也是知识的合作生产商的观点，知识密集型服务业（科技服务业）已经突破了之前仅进行单向转移专业信息的局限性。时省认为，知识密集型服务业与其客户之间的上下级特定关系导致了该产业会产生空间聚集现象，知识、创新和聚集是该产业三个关键维度，知识密集型服务可以对服务业的技术创新进行极大的改善，且这种改善通常集中在大都市地区。

在我国，面向科学技术领域的服务产业即为"科技服务业"。我国关于科技服务业的概念起源于20世纪90年代。原国家科学技术委员会于1992年发布的《关于加快发展科技咨询、科技信息和技术服务业的意见》（以下简称《意见》）中首次出现"科技服务业"[11]一词。《意见》中将科技咨询业、科技信息业和技术服务业三者统称为科技服务业，但没有明确指出科技服务业的定义和内涵。随后，国内学者分别从科技服务业的功能、服务方式等维度分别对其概念和内涵进行了深入研究。从科技服务业的服务功能维度，程梅青等认为科技服务业是为促进科技进步和提升科技管理水平而提供各种服务的所有组织或机构的总和。从科技服务业的服务方式维度，王永顺认为科技服务业是依托科学技术和其他专业知识向社会提供服务的新兴行业；杜振华认为科技服务业是指运用现代知识、技术和方法以及经验、信息等向社会提供智力服务的产业。蒋永康等则综合了上述两个维度，界定了科技服务业的概念和内涵。吴标兵等在阐述科技服务业内涵时，明确指出科技服务业是指运用科学技术知识和专业知识为科技创新及科技成果的转化提供科学技术或信息服务机构的总称。王仰东等从产业链的角度阐述了高技术服务业的含义，认为科技服务业是现代服务业与高新技术产业相互融合发展的产物，是以创新为核心的知识密集型新兴产业。高本泉从组成结构等角度对科技服务业进行了定义，认为科技服务业是由科技服务、咨询服务和技术服务三大模块组成的产业。徐嘉玮对科技服务业的概念进行了辨析，认为科技服务业不仅包括科技成果的研究与开发，更是依赖于信息技术和网络技术对于科技成果传播、转移应用、扩散以及现实生产力转化的一系列作用，这其中也包括与之相关的法律、咨询和市场调研等一系列专业活动。

1.2.2 科技服务业发展模式及机制研究

在科技服务业发展模式及机制研究方面，科昂（Cohen）通过对现有研究成果的总结和分析，认为高新技术产业和科技服务业的产业协同是科技服务业发展的根本动因，因此要通过服务贸易和高新技术产业协同来获得市场。王晶等利用系统论和控制论的思想和方法，分析了科技成果产业化进程中科技服务业的运行机理。藏晓娟在分析美国、日本等几个发达国家科技服务业先进经验模式的基础上，提出中国政府发展科技服务业的相应对策。祁明等提出了创新平台模式、生态模式、外包服务模式、知识管理模式和行业标准模式等科技服务业的五种发展新模式，并分析了这五种发展模式的特征和价值。孟庆敏、梅强等利用系统动力学原理，建立了区域创新体系内的科技服务业与制造企业互动创新的因果关系图，分析了影响互动创新的因素，并提出了增强互动创新的政策建议。李键、刘红梅在分析科技服务业特点的基础上，总结了科技服务业市场导向型、创新平台型、产业链驱动型和知识管理型等四种发展模式。廖颖宁以内部结构和外部驱动力为主要研究视角，分析了科技服务业运行机理，并提出促进其结构优化的发展模式。张前荣在借鉴发达国家科技服务业发展经验的基础上，结合我国国情提出了科技服务业发展的新模式。高劼祎在科技服务业发展的路径研究中引入产业集成化理论，在总结产生集成化的条件与动因基础上，提出了科技服务业集成化发展机理。厉娜等以"互联网+"战略实施为背景，提出要从战略高度推动科技服务业与互联网相结合，加强科技服务业发展顶层设计，对共性关键技术进行攻关，培育新业态新模式，并实施试点示范工程带动科技服务业发展。

近年来，部分学者以区域科技服务业为对象研究了科技服务业的发展模式问题，并取得一定成果。李建标等从产业协同演进和制度谐振的视角研究了科技服务业发展机制，并针对北京市科技服务业发展历程和行业现状进行了案例分析。周敏和杨南粤从宏观及微观角度阐述了基于生态学理论的广东科技服务业发展思路，提出构建区域生态系统，发展生态科技园区的观点，特别要注重生态科技园区与区域生态系统协调的发展。韩晨结合信息生态理论，基于信息效用假设、信息生态理论假设和信息流动性假设，构建了科技服务业信息生态链模型、生态网模型和生态圈模型，并以珠三角地区为例进行了实证分析。杨勇、李江帆等把台湾新竹产业园区的发展作为案例进行分析，为科技服务业的发展提供机制、战略、管理、人才和业务上的实践经验。张振刚等通过对珠三角地区进行实证研究发现科技服务业对区域创新发展有正向显著影响，并从产业规模、服务专业化程度和产业合作等方面提出了科技服务业发展的不同模式和建议。

1.2.3 科技服务业政策支撑体系研究

任何一个产业的发展都离不开政府的政策支持。宁凌等研究了市场主导型、政府主导型和混合型激励政策在美、日、英三个国家的运行经验，针对我国实际情况提出了我国科技服务业政策制定的相关建议。刘鹏等运用博弈论相关原理和方法分析了政府在促进科技服务业发展中的作用，并以青岛市为例探讨了财税政策对科技服务业的影响。张玉强等从形式、内容和对象等三个视角，构建了科技服务业激励政策的多元理论框架。陈岩峰以广东省为研究对象，构建了基于工业自主创新的科技服务业发展政策支持体系，主要包括横向政策、纵向政策、时序政策、结构政策等四个方面。李春成等建立了四维普适政策体系分析框架，提出了完善我国区域服务业创新政策体系的路径。贺志姣从产业生态理论的视角研究了科技服务业发展生态系统，结合湖北省科技服务业发展状况，为政府提出了构建政策体系框架的意见。李晓峰等则采用了SWOT分析方法，研究了天津中心城市科技服务业的发展对策。

基于政府的政策激励效果视角，贾宝林等认为政府在激励政策体系中居于主导地位，起着过程控制、资源支配和机构协调的作用，政府主导的二元体制及其体制下的政策不公是影响科技服务政策激励效果的主要因素。饶彩霞等将我国现行的30余项科技金融政策分为5类，指出现有科技金融政策存在缺乏政策合力、政策之间不协调以及科技金融环境和市场化政策不健全等问题，并提出了相应对策。基于法律视角，杜赛花、吕一尘对比了发达国家政府关于科技服务业发展所出台的政策和法律，指出美国政府对科技服务业的作用主要体现在宏观管理、政策法律体系建设和市场培育规范运作等方面，而这些也是促使美国成为国际科技服务业最具实力的国家的主要原因之一。李丽对广东科技服务业发展过程中政府的作用进行相关研究，提出了完善其发展的对策。除了政策和法律因素之外，市场也被认为是影响科技服务业发展的重要因素之一。钟小平将影响科技服务业集聚发展归纳为市场和政府两个关键因素，建议政府应在不同时期应给予适合该产业发展的不同政策支持。田波认为政府不仅要在出台各项扶持政策，同时也要加强对服务市场的准入管理，严格把控准入门槛，切实提升整个行业的服务水平和服务质量。

1.2.4 科技服务业发展评价研究

随着科技服务业不断发展壮大，并在经济社会发展中发挥着越来越重要的作用，如何科学合理地对科技服务业的发展水平进行综合评价成为一个新的研究课题。王安琪从科技服务业的规模、投入、产出和环境四个维度构建科技服务业发展水平评价指标体系，运用因子分析的方法，分析了区域科技服务业的发展水平。周梅华等采用主成分分析法和聚类分析法从发展环境、投入和产出等三个维度构建了区域科技服务业竞争力评价体系，并对江苏省科技服务业发展水平进行了实证研究。朱卫东从资金投入量、设施资源利用率和专利获得率等三个方面构建了科技服务业综合评价指标体系，对基本要素进一步细化并进行了实证分析。李志刚从发展环境、主体实力、发展潜力、体系结构和服务绩效等五个维度，建立了科技服务业发展水平的评价指标体系，并采用层次分析法对指标体系进行评价。张术茂以沈阳市为样本，从科技服务业规模、投入和产出等三个维度建立了科技服务业发展水平评价模型，并利用因子分析法比较沈阳市科技服务业在副省级城市中的发展水平。葛育祥等利用层次分析法计算指标权重，并采用 DEMATEL 和交叉增援矩阵法对权重进行修正，建立了评价科技服务型企业信息能力的指标体系。

基于科技服务业地域空间分布视角，张清正探究了我国科技服务业的地理分布情况，通过构建空间计量模型来探索其空间演化特征，为中国科技服务业发展提供了相应的对策建议。李明宇以上市科技企业作为研究对象，采取因子分析法分析了其发展绩效和竞争力状况。陶颜从开发、生产、营销和支持等四个角度，建立了服务创新能力评价模型。郭东海基于相关的研究理论，运用 AHP 方法定量评价研究了山东省科技服务业企业创新管理能力。宋谦等人以近年来我国各省市科技服务业发展数据为基础，利用突变级数法建立了科技服务业发展水平评价模型，并提出了促进科技服务业协调发展的相应对策。张成华在界定科技服务业内涵的基础上，构建了长三角科技服务业发展水平的评价指标体系，并运用因子分析法对江苏、浙江和上海进行了时间与空间差异比较研究，提出了提高长三角地区科技服务业发展水平的对策建议。薛富宏运用因子分析法分析了黑龙江省科技服务业发展水平在全国的排名，并针对黑龙江省科技服务业目前存在的问题提出了相应的对策建议。

1.2.5 研究述评

作为一个新兴产业，科技服务业是近年来学术界的研究热点，以上研究成果为本书的研究提供了充分的背景依据和坚实的理论基础。但就本书的研究主题来看，国内外现有研究成果还存在以下不足，有待进一步深入研究。

（1）近年来，科技服务业发展问题得到了政府、学术界和实业界的广泛关注和重视，并取得了大量研究成果，现有研究成果主要集中在科技服务业的概念及内涵、产业发展模式与机制、产业发展的政策支撑体系和发展水平评价等方面。但当前我国科技服务业的发展还存在明显的区域差异化和非均衡化问题，而科技服务业又在支撑区域产业创新和培育新经济增长点中发挥着关键作用，因此，对区域科技服务业发展问题进行研究就显得很有必要，但目前面向区域科技服务业发展的研究成果还相对较少，研究成果还有待进一步丰富。

（2）推进科技服务业发展是一个复杂的系统工程，现有的关于科技服务业发展模式、机制及策略的研究并未将科技服务系统作为一个整体来考虑，缺乏对科技服务业各细分业态间互动关系、科技服务业与重点产业耦合关系及外部环境支撑关系等多维度协同发展的深层次探讨。且现有研究成果尚未深刻而全面揭示科技服务业的内涵、典型特征及系统构成要素等，这就需要基于"互动—耦合—支撑"的全新视角，从科技服务细分业态互动、与重点产业耦合和外部环境支撑等多个维度来综合考虑，系统深入研究科技服务业的发展规律和内在机理。

（3）作为一种新兴产业，当前国内外科技服务业的有益经验和典型发展模式主要有哪些？针对江西省科技服务业的发展现状和水平，采取哪种发展模式比较符合江西省实际情况？江西省科技服务业发展模式在实施过程中会受哪些关键因素影响和制约，以及应采取哪些策略和措施来切实推进江西科技服务业更快更好发展？这些问题都还有待进行系统深入研究。

1.3 研究方案

1.3.1 研究目标

（1）重新界定科技服务业的概念和内涵，提炼科技服务业的典型特征，分析科技服务系统的构成要素及其相互关系，从科技服务各细分业态的互动关系、与重点产业的耦合关系和宏观外部环境的支撑关系等方面系统探究科技服务业的发展规律和内在机理。

（2）调研江西省科技服务业发展现状，提出江西省科技服务业发展目标，构建江西省科技服务业"细分业态互动—重点产业耦合—外部环境支撑"的多维协同发展模式。

（3）以产业发展理论和战略联盟理论为基础，从服务主体协同度和协同关系可持续性两个维度分析科技服务业协同发展机理，提出影响科技服务业协同发展的理论假设并进行实证检验。

（4）提出一套推动江西省科技服务业协同发展的策略，推进江西省科技服务业向专业化、规模化、协同化方向发展。

1.3.2 研究内容

全书的框架结构共分为8章,具体章节内容安排如下:

第1章为绪论。本章主要介绍本书研究背景与意义,分析国内外研究现状并提出需要解决的问题,提出研究目标与研究内容,介绍全书的研究方法和技术路线,理顺全书逻辑结构和顺序,并提出创新之处。

第2章为国内外科技服务业发展经验介绍。本章梳理了近年来各发达国家和地区科技服务业发展经验,着重介绍了韩国、英国、德国以及我国北京市、浙江省、广东省科技服务业发展历程、发展现状以及发展经验。

第3章为江西省科技服务业发展现状研究。本章首先通过实地调研和查阅统计年鉴等方式,从科技服务业发展基础、科技服务业各细分业态发展情况等方面对江西省科技服务业整体发展现状进行了分析,并从发展规模、投资力度和人力资源等三个角度与周边部分省市的科技服务业发展情况进行对比分析,了解江西省科技服务业与其他省份之间的差距。其次,厘清了江西省科技服务业发展的优势条件和瓶颈制约,通过SWOT战略研究,分析产业发展过程中存在的挑战和机遇。最后构建了江西省科技服务业发展水平综合评价体系,并对影响江西省科技服务业发展的因素进行实证分析,为后续研究提供理论依据。

第4章为科技服务业发展机理研究。本章首先界定和提炼了科技服务业的内涵及特征,在分析科技服务业系统构成要素的基础上,从科技创新链和科技支撑要素两个维度,定义科技服务业各个细分业态的主要服务功能,分析不同细分业态之间的互动机理;从社会分工、价值链升级和产业融合三个维度,研究科技服务业和战略新兴产业之间的耦合机理,分析重点产业发展需求对科技服务业发展演化的影响;从政府行为、金融环境、行业技术进步、对外开放、基础建设和公众意识等多个方面,研究宏观外部环境对科技服务业发展的支撑机理。

第 5 章为江西省科技服务业发展模式研究。本章在归纳总结现有科技服务业发展模式的基础上，对各典型模式的特征进行了对比分析；针对江西省科技服务业发展面临的困境和未来的发展趋势，提出江西省科技服务业的发展目标；从业态、产业和环境等角度系统性提出江西省科技服务业"细分业态互动—重点产业耦合—外部环境支撑"的多维协同发展模式，并进一步研究了该模式的内涵、特点、框架及运行机制。

第 6 章为江西省科技服务业协同发展影响因素研究。本章将科技服务业全链条协同发展划分为协同关系的"产生"和协同关系的"维系"两个阶段，并从细分业态专业服务能力、主体连接性、资源互补性等多个方面提出影响科技服务业协同关系的因素假设。在对江西省不同科技服务机构进行问卷调查的基础上，通过结构方程模型等实证研究方法，对理论假设进行了检验。

第 7 章为江西省科技服务业发展策略研究。本章基于前面章节的分析，立足江西省科技服务业的发展现状，以江西省十大战略性新兴产业为切入点，结合科技服务业系统构成要素及其发展机理，从促进科技细分业态间互动、推动科技服务业与重点产业耦合和构建科技服务业发展环境支撑体系等三个方面提出有针对性的江西省科技服务业发展策略。

第 8 章为结论和展望。本章概括全书的主要结论，总结全书存在的不足，并展望需进一步解决的问题。

1.3.3 研究方法

（1）文献研究方法。通过对国内外文献的梳理，厘清科技服务业的基本概念及内涵、现有发展模式及机制、发展水平评价和政策支撑体系，分析科技创新链条的基本结构及典型特征，总结提炼出科技服务业的内涵、特点、内在规律及运行机理，为本书研究奠定理论基础。

（2）经验总结与案例研究方法。在梳理各发达国家和国内兄弟省市科技服务业发展历程的基础上对其进行经验总结，为推动江西省科技服务业发展提供实践借鉴；收集并研究现有科技服务业发展模式的典型案例，对比分析现有科技服务业发展模式的特征及不足之处，为构建江西省科技服务业多维协同发展模式奠定基础。

（3）概念模型研究方法。在科技服务系统构成要素及科技服务业发展机理、江西省科技服务业发展模式、江西省科技服务业协同发展影响因素研究中，都运用了概念模型方法，按照柔性化的思想和方法构建相应的概念模型，并考虑模型的可拓展性。

（4）统计分析方法。在研究江西省科技服务业发展影响因素时，构建江西省科技服务业发展综合指标体系及线性回归模型，并利用SPSS17.0统计软件进行实证分析。

（5）问卷调查与结构方程模型研究方法。在研究江西省科技服务业协同发展的影响因素时，通过调查问卷方法获得了所需要的有效数据，利用SPSS17.0对其进行了信度和效度分析；其次利用结构方程模型方法和AMOS21.0软件对江西省科技服务业协同发展的影响机理理论模型进行评价、修正以及理论假设检验。

1.3.4 技术路线

全书围绕着"江西省科技服务业发展模式及策略"这一研究主题，以"国内外科技服务业发展经验→江西省科技服务业发展现状→科技服务业发展机理→江西省科技服务业多维协同发展模式→江西省科技服务业协同发展影响因素→江西省科技服务业发展策略"为研究主线，采用文献研究、经验总结与案例研究、概念模型研究、问卷调查、统计分析、结构方程模型等定性研究与实证研究相结合的方法，提出了具有实践价值的江西省科技服务业发展模式及策略的基本理论。本书的具体研究技术路线如图1-1所示。

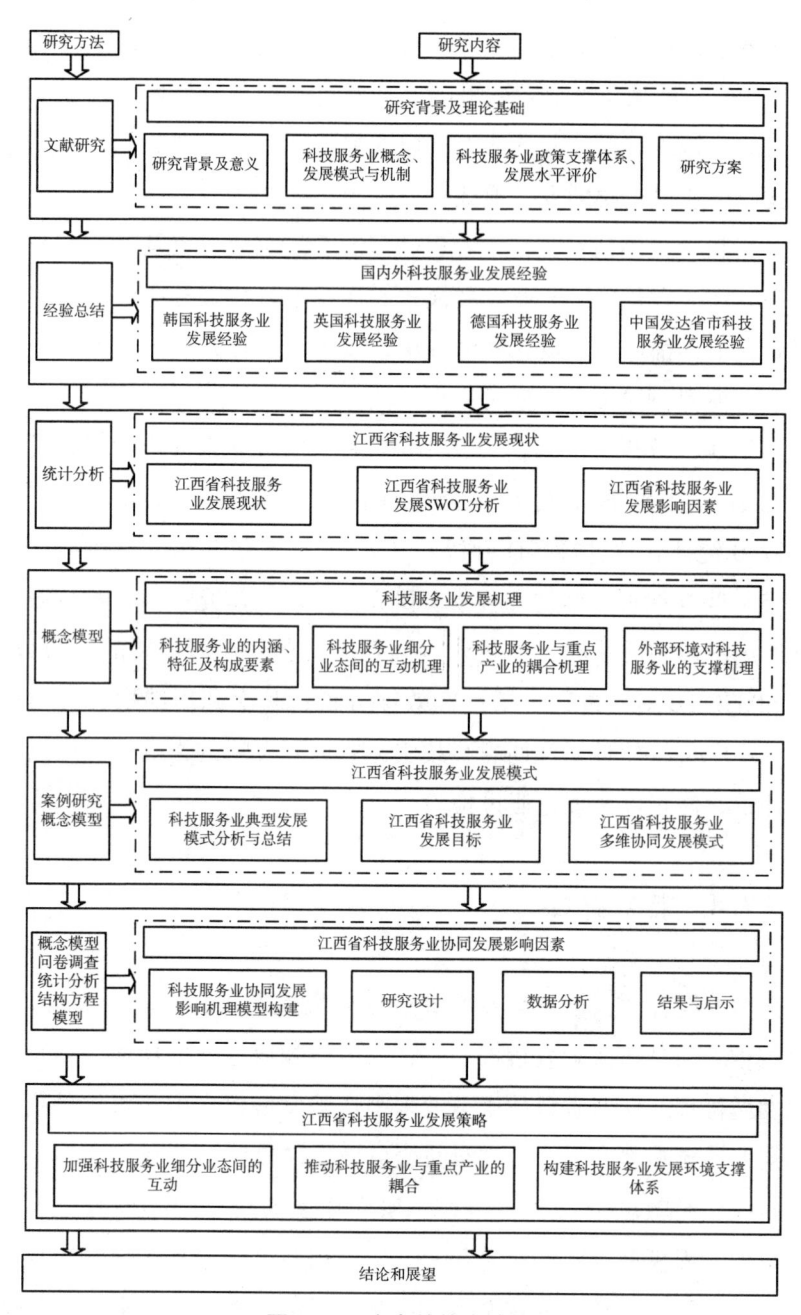

图 1-1　本书的技术路线

1.3.5 主要创新点

本书的主要创新点归纳为如下四点：

（1）基于"互动—耦合—支撑"视角研究了科技服务业发展机理。重新界定了科技服务业的概念及内涵，提炼了科技服务业的典型特征（互动性、耦合性和环境支撑性），分析了科技服务系统的构成要素，从科技创新链和科技支撑要素维度研究了科技服务业细分业态之间的互动机理，从社会分工、价值链升级和产业融合等三个维度研究了科技服务业和重点产业间的耦合机理，从政府行为、金融环境、行业技术进步、基础建设和公众意识等方面研究了宏观外部环境对科技服务业发展的支撑机理。

（2）提出了江西省科技服务业多维协同发展模式。调研了国内外现有科技服务业的典型发展模式，对现有发展模式的典型特征进行了归纳总结和对比分析，确定了江西省科技服务业发展目标，从业态、产业和环境等三个维度系统性提出了"细分业态互动—与重点产业耦合—宏观外部环境支撑"的江西省科技服务业多维协同发展模式，分析了江西省科技服务业多维协同发展模式的内涵、特征、框架，构建了相应的运行机制。

（3）研究了江西省科技服务业协同发展影响因素。将科技服务业全链条协同发展划分为协同关系的"产生"和协同关系的"维系"两个阶段，从细分业态专业服务能力、主体连接性、资源互补性等多个方面提出影响科技服务业协同关系的因素假设，通过结构方程模型等实证研究方法，对理论假设进行了检验。

（4）提出了江西省科技服务业发展策略。以江西省十大战略新兴产业为切入点，从促进科技细分业态间互动、推动科技服务业与重点产业耦合和构建科技服务业发展环境支撑体系等三个方面提出了加快江西省科技服务业发展的策略和对策。

第 2 章

国内外科技服务业发展经验

科学技术是先进生产力的集中体现和重要标志,科技创新和科技进步是国家和地区经济快速协调发展的助推器,科技服务业作为国家实施创新驱动发展战略和加快国家创新体系建设的重要组成部分,具有推动产业结构由"工业经济"向"服务经济"转型的重要功效,在国民经济中发挥着越来越重要的驱动作用。科技服务业在西方的发展历史已有一百多年,就目前世界各国的经济发展情况来看,科技服务业已经成为促进知识经济社会发展的关键要素之一,承担着基础性知识技术的生产和优化配置的双重服务功能。在科技服务业发展过程中,各国在不断摸索与创新产业发展方式,为其他国家和地区科技服务业的发展提供了宝贵的实践经验。

2.1 韩国科技服务业发展经验

韩国的科技发展经历了 20 世纪六七十年代的"模仿阶段"、20 世纪 80 年代初的"国际化阶段",以及 20 世纪 90 年代以来的"创新阶段"等三个发展阶段。

在 20 世纪 60 年代以前，韩国的科技研发政策一直都是以模仿和跟踪国际先进技术为主，科技创新相对滞后。从 20 世纪 60 年代开始，韩国政府选择了一条积极引进技术，以引进带动自主开发，积极消化和改良先进技术，并形成了产业优势的发展道路。20 世纪 60 年代，世界科技服务业逐渐兴起和发展，借助西方发达国家经济结构调整的机会，韩国开始重点发展轻纺、重化工等产业。20 世纪 70 年代，韩国政府采取了高度的中央集权，全力维护社会政治秩序，为经济高速增长提供安定的社会环境，同时加大对重化工业的投资，重点发展技术密集型产业，提高产品的国际竞争力。20 世纪 80 年代末，新的科技革命在世界兴起，高技术产业迅速发展，韩国科技面临新的挑战，韩国确立了"科技立国"的国策，政府一方面保持传统的劳动与资本密集型产业的优势，另一方面则利用发达国家向外转移低层次技术和产品的机会，大力发展本国的知识密集型产业，把经济技术发展的重心转变到靠科技创新带动本国经济快速增长方面来。在亚洲金融危机爆发后，韩国政府对科技体制和政策以及国家科技创新战略进行了重大调整，加快技术创新步伐，加速高新技术产业发展，在短时间内就跻身于创新型国家的行列，发展速度飞快。近年来，韩国每年收到的专利申请数量大约在 250 000 件，几乎是 1949 年知识产权体系建立时的 500 倍。家庭互联网普及率最高的 10 个国家全部位于亚洲或中东地区，韩国继续名列全球家庭宽带普及率之首，该国 98.8% 的家庭已经接入互联网[①]。

韩国科技服务业的发展离不开政府对科技创新的大力支持。韩国政府一直都致力于科技法律法规体系的完善，强化资金、信息和人才的支持，并积极促进技术转移计划的实施。自 20 世纪 60 年代起，韩国政府先后制定和颁布了《技术开发促进法》（1972 年）、《科学技术促进法》（1982 年）、《科技革新特别法》（1997 年）、《技术转移促进法》（2000

---

① 资料来源于央广网《全球约 39 亿人未接入互联网，中国互联网用户数达 7.21 亿》（2016 - 9 - 18）。

年）等一系列科技法律法规。为实现技术转移的政策目标，韩国政府每年会制定技术转移年度促进计划，每三年制定技术转移中期推进目标和计划，对技术转移目标、资金预算分配、机构建设、科技成果转化等内容进行了详细规定。2016年8月3日，韩国发布了最新的《政府资助研究机构所属中小、骨干企业扶持方案》，提出了集中扶持具有成长潜力的170余所企业的扶持计划。

同时，韩国还构建了以自主创新为核心的技术支持与扩散体系，主要由产业发展管理局、产业技术信息中心、产业技术研究院、国家产业技术研究所以及11个地区性产业技术研究所等单位组成，还包括一些产业协会等私营非营利性机构。韩国的科技服务机构体系分为政府层面、公共层面和私人层面等三个层面，且大部分科技服务机构均以非营利性机构为主。自1997年韩国提出了"科技立国"战略后，在政府主导下建立了高效的技术转移和成果转化体系。于2000年成立的韩国技术转移中心（Korea technolvgy transfer centre，KTTC）为全国科技服务体系的核心，该中心由政府和民间部门共同出资创办，隶属于韩国产业资源部，该中心是为了实现技术转移的政策目标，辐射带动各地区公共研究机构和私营科技服务机构的发展而建立的。KTTC是为技术供求双方提供技术交易平台及技术交易支持系统，该系统内主要以技术交易、技术评估、企业并购等模式促进技术产业化，是韩国目前最具规模的国家级技术转移机构。在2003年3月，韩国也在其他地方成立了8所地方技术转移中心（RTTC），为技术成果的转移和转化提供了良好的载体。通过这些技术转移中心，不仅为韩国内部技术转移提供了基地，提高了韩国产业技术竞争力，也为跨国技术转移搭建了平台，提供了承载空间，给技术市场供需双方提供了全过程服务。

为了帮助公共研究机构实现技术转移和科技成果商业化，2006年韩国知识经济部还实施了"链接韩国"项目。对于公共研究机构、交易机构、评价机构及参与到科技创新行列的企业，政府会向企业提供国有知识产权无偿转让、无偿租借等一定程度的财政资金支持，对相关组织给予经费支持和优惠条件，成立专门机构负责科技成果转化过程中相关信息的收集、整理与传递，积极培养科技人才，并对优秀的科技人才进行各种形式的奖励。

建立科技园区是韩国推动技术转移的有效途径之一。科技园区是集学术、研发、产业化于一体的综合性组织基地。其中，由中央政府主导建设及规划的大德研究开发特区是韩国科技园区的典型代表。该开发区成立于1973年，位于素有韩国硅谷之称的大田广域市东部，距首尔167公里，共覆盖儒城区及大德区32个行政单位，占地面积67.8平方公里。特区内包含了大德科学城、大德科技谷、大德工业园区、国防发展局以及北部绿化带等五大功能区。作为韩国最大的产、学、研综合园区，经过四十多年的发展日益成为东北亚研发领域的中心力量，被称为韩国科技摇篮和21世纪韩国经济的增长动力。随着《大德R&D特区法》的出台，韩国大田市政府立改常态，大力实施大田市科学技术综合规划，专注于整合核心领域、提高研发力量、推动科技成果产业化，努力构建完善的协同创新体制。

特区充分运用区内尖端研究设备和信息交流平台实现资源共享，促进了技术信息和研究设施之间的交流，使科研成果能迅速应用于企业生产并在社会上产生一定程度的经济社会效应。完善的产学研创新机制和科技成果转换体系，让开发特区内形成了以产品为主线的严谨有效的、开放式的研究开发网络。为了加快高新技术产业发展步伐，大德特区采取引进与创新相结合的方式，在园区内设立各种类型的科技中介服务机构，为高科技企业提供有效的产品研发、技术检测、知识产权保护、战略决策、项目融资、风险担保等科技服务，给园区机构及企业发展给予了相应支撑，有效把经济与科技结合起来。

此外，大德研究开发特区非常重视把科技与生产相结合，鼓励民间企业研究机构的加入，极大程度地促进了科学成果向产业界的转移。同时，大德科技园还定期组织开展"科技外交"活动，与各国合作建立研究机构，不仅在国外设立研究机构，同时实施各种激励措施吸引外国研究组织入驻韩国科技园,加强了国际合作的对外网络联结。随着海外公司数量逐年增长,大德特区内产业国际化程度越来越高,国际间的技术交流日益频繁,韩国产品借助特区这个平台能够迅速进入海外市场。在2005年,大德研究开发特区就与中国的中关村科技园区签署了交流合作协议,约定今后双方将进行科技信息的交流与互换,定期沟通运作动态及合作意向,为两国的科技市场交流与合作奠定了良好的基础。

2.2 英国科技服务业发展经验

英国科技服务业起源于19世纪初,从20世纪20~30年代开始其科技服务业种类不断丰富,40年代末科技服务业迅速发展,科技创新成为经济社会快速发展的关键因素之一。当时,英国科技服务业被称为知识密集型服务行业,主要由民间组织构成,注册形式包括股份有限责任公司、合伙经营和个体经营,是英国科技中介机构的主体。其机构主要包括由科技管理者和科技人员创办的启动公司(Start-ups),由大的科技公司或科技集团根据自身业务和市场需求而衍生出来的衍生公司、合资公司以及市场化的公有机构。在21世纪初,英国的科技服务业新型业态逐步兴起,高端服务业开始出现,天使投资、技术联盟、孵化器、技术转移等服务机构所提供的科技服务内容和形式越来越多样化、专业化。在英国,科技服务业已成为经济发展的重要力量与重点产业。英国作为世界科技强国之一,以占世界1%的人口承担了世界6%的科研任务。在作为科技创新集聚区的科技园区中,英国的研发机构和科技开发型企业占绝对主导地位。据统计,在这些入园机构中,从事研发工作的占45%,从事咨询或业务支持的占23%,从事检测服务的占12%左右。英国研发服务业规模年均增长率达到了16.8%[①]。

---
① 马春.世界研发服务业发展动态[J].竞争情报,2016年冬季刊:53-58.

英国科技服务业蓬勃发展的主要原因是政府十分看重并支持科技中介服务的发展。英国的科技服务机构众多，主要来源于四种形式：由公司、大学或科研机构的科技管理人员和科技人员创办；由其他公司衍生创办的子公司；两家以上的公司合资；国有研究院所改制。英国政府各部门下属各研究院所一般都具有对相关科技领域的技术政策、技术标准等进行科技咨询和科技中介的功能。目前，英国已构建了由政府、公共机构和私人公司三个层次组成的科技中介服务机构：以"企业联系办公室"为主的政府层面，在全国各地建立的240个地区性"企业联系办公室"，有效承接科技成果的转化与推广；以英国皇家学会、研究历史会、皇家工程院、大学科技成果转化中心、科技园、全国性的专业协会、公益类科技服务组织等科技服务机构为主的公共层面；以营利性为主的科技服务机构构成的市场层面，其机构数量在英国科技服务机构中占主体。对于不同性质的科技服务机构，英国政府有着不同的金融支持规定：营利性机构需要根据服务对象的性质和项目对社会的影响力给予一定程度的财税减免；对于非营利性机构，政府通常会给予其充分的优惠政策和资助。此外，英国政府还采取了促进社会购买科技服务的鼓励措施，部分公共项目的评估工作明确规定由独立的科研机构以招投标的方式完成，政府通过间接方式成为高技术产业的投资者和投资引导者，有效培育了科技市场的供需能力。

设立类型多样的技术转移机构是英国科技服务业迅速发展的重要原因之一。英国技术集团（British Technology Group，BTG）是英国，同时也是世界上最大的专门从事技术转移的科技服务机构。BTG是国家研究开发公司（National Research Development Company，NRDC）和国家企业联盟（National Enterprise Board，NEB）合并，于1983年合并而成。为推动BTG的市场化运作，英国政府在1991年12月把BTG转让给英国风险投资公司、英格兰银行、大学副校长委员会和BTG组成的联合财团，售价2800万英镑。至此，BTG成为私有化商业运作组织。作为英国最大的风险投资机构，BTG具有捕捉未来市场技术并从中获得回报的独特能力，通过对技术的投资，深入挖掘技术含量，扩大知识产权范围，借此创造新的技术价值。除此之外，BTG通过建立新的风险投资企业等方式，把获取的巨大利润返还给它的合伙人、股东及技术提供者。其运行机制就是实现利用国际的技术成果——形成技术产品的开发——推广转移（销售）——再开发及投产等一条龙服务，具有过程利润共享、风险共担等特点。该组织依托政府的支持，把具有高潜力和高附加值的技术、产业、市场作为自己的主要经营目标，专注于少而精的成熟技术，旨在花费最少的时间完成最有效的技术商业化。同时根据技术发展的阶段、应用类型等拓展不同领域的多元化业务，有效化解了技术商业化带来的风险。BTG真正起到了联结开发成果并把科技成果转化为现实生产力的纽带和桥梁作用。

BTG是英国国内授权履行专利保护和技术许可证颁发的智能权利组织，也是一个国际权威的专门以风险投资支持技术创新和技术转移的技术贸易机构，拥有着250多种主要技术、8500多项专利、400多项专利授权协议。该组织主要涉及领域为医学、自然科学、电子通信、生物科学等不同阶段的新业务，充分利用原有的国家赋予的职权，花巨资积极开发新的具有商业前途和市场价值的技术项目，帮助申请专利或实施专利授权。正是由于政府几十年的扶持，BTG才逐步实现了自负盈亏，成为一家拥有着上亿英镑资金的具有雄厚实力的组织。出于对技术的高度重视，保证技术商业化的成功运作，该组织的技术来源和技术转让的目标不仅仅局限与英国国内，更多时候强调国际化。BTG与世界各地的产业界均有密切联系，风险投资遍布于整个欧洲和北美洲，同时在美国、日本等地还设有分支组织，形成了全面覆盖的全球性网络体系，方便更广泛的在国际市场上开发专利技术。

BTG通过投资有潜力，且处于早期阶段的公司，向其提供相应的管理者和经验专家，来帮助这些公司尽快成长。这些管理者和专家都是具备高专业水平和综合素质的科技从业人员，有着丰富的工作经验和多学科的专业背景，对每一个科技行业准入人员的专业水平、市场经验和职业资格等均有严格的审查规定，行业门槛较高，可见英国科技服务机构对人才的重视在于专与精。特别值得一提的是，BTG 在严格选拔优秀专业人才的基础上还懂得利用各种激励方式留住优秀员工。为员工创造积极向上、精力充沛的工作环境，鼓励员工敢于冒险、承担责任，同时通过制定高薪体系和股权分享计划等方式加强对员工的吸引力。

2.3 德国科技服务业发展经验

德国的科技服务业起源于 19 世纪中期，最早的科技服务组织形态主要是咨询类机构，如 1856 年成立的德国工程师协会（Verein Deutscher Ingenieure，VDI）。在 20 世纪 30 年代，德国的咨询行业在迅速发展的同时还出现了研发服务、天使投资等新兴科技服务机构，丰富了科技服务种类。20 世纪 40 年代末，美国、英国、德国等资本主义国家掀起了以原子能和电子信息技术发明与应用为先导的第 3 次科技革命潮流，德国科技发展突飞猛进，科技作为一种重要的生产要素进入市场，成为推动社会进步和发展的关键环节。科技服务业机构快速发展，在科技创新和经济发展地位中的地位和作用越来越重要。在这个时期，德国的科技服务组织主要以政府创办为主，兼有部分民间组织。20 世纪 80 年代以后，随着科技创新需求多样化，创新服务链条不断细分，一批市场化的科技服务机构出现并快速发展，其中包括天使投资、技术联盟、孵化器、技术转移机构、研发服务机构等。自此以后，德国科技服务由以政府推动为主转向依靠市场化力量发展，科技服务业态初步形成。21 世纪是信息化的时代，随着移动互联网创业浪潮的兴起，德国科技服务业快速发展，同时生物医药行业的兴起使高端服务业逐渐取代传统制造业，研发外包、研发设计等服务业逐渐兴起并快速发展，新型业态不断涌现。在德国，科技服务业已经成为具有较大规模的重点产业。2016 年德国专利申请受理数达到 16 641 项，发明专利申请授权数达到 14 158 项。

德国作为著名的科技强国，高技术产业领域发展相当发达，其突出的发展经验就是聚集多方面力量大力发展国内外的科技中介服务机构。科技中介服务机构在德国科技服务业发展及国家技术创新中发挥了巨大的推动作用。德国的科技中介组织涉及行业广泛，组织体系科学完善，服务功能十分强大，在信息、咨询、职业教育三个方面有突出的优势。

德国政府扶持中小企业发展，为中小企业实施特别支持政策。德国中小企业聚集了一批具有战略眼光及全球视野的企业家，但资金的相对缺乏成为制约其发展的最大障碍。因此，国家的资金支持和政策扶持将大大推动其突破发展瓶颈。为此，德国通过政策倾斜扶持中小企业发展，鼓励中小企业科技创新及科技成果的转化。政府在主动推进科技中介服务发展的同时，积极搭建工作平台，通过向符合科技创新条件的企业提供专项奖励基金，使企业拥有充足的科研经费，从而促进企业科技人才的引进，促进企业与科技机构、科技中介服务的互利合作。由此可见，德国政府通过科研专项基金这个杠杆，架起了科研机构、企业、科技中介机构之间的运作及沟通平台。为积极支持科技服务业中非营利组织的发展，德国《税法通则》里还特别规定了非营利组织享受税收优惠的条件，同时给予拨款资助，通过政府采购等方式向非营利组织提供支持。但是，德国不提倡政府直接参与到科技服务机构的管理过程中，而是让法律法规来引导和规范科技服务业的发展，同时将部分政府职能委托给行业协会，充分发挥行业协会在科技服务工作中的作用。在德国，行业协会既是政府政策制定的宣传者，又是科技服务机构的利益代表者，这样的双重身份能够使行业协会在满足自身利益的基础上充分接纳政府的政策法规，具备较高的行业管理自律性，在约束、规范业内各科技服务机构行为等方面成效显著。

此外，德国为促进科技中介服务机构的发展建立了大量的技术转让中心。为使企业的技术创新保持明显的优势，使各类科研单位的科研成果迅速推向企业，实现产业化，德国政府建立了遍布全国的370家史太白基金会技术转让中心，并要求德国高校和科研机构都建立技术转让办公室，专门从事咨询、开发，负责科研成果向工业界传播。与此同时，通过设立技术转移监管和促进机构，为科技中介机构的发展创造了良好的氛围。

值得一提的是，德国史太白技术转移中心是世界上最大的科技服务组织之一，其服务网络以德国为中心，面向全球提供技术与知识转移服务，覆盖了世界五大洲40多个国家。史太白技术转移中心是由德国技术转移先驱、巴登符腾堡州工业化推动者费迪南德·冯·史太白（Ferdinard Von Steinbeis）于1868年在德国成立的。该中心依托德国政府强有力的政策支持和创新资助，为中小型企业特别是高技术型企业提供员工技能培训、战略管理、决策咨询、研发支持、专业评估报告等科技服务。史太白技术转移中心自成立以来，尤其是经过了勒恩改革后得到了飞跃性的发展，成功培育孵化出大量高技术企业，地域覆盖范围由巴符州扩大至德国各地并扩展到巴西、美国等，服务范围涉及研发、咨询、培训、转移等各个环节，在全球范围内形成了极具影响力的技术和知识网络，为全世界的技术创新做出了巨大贡献。2011年，其发源地——巴登符腾堡州被评为"欧洲最具创新力的地区"，其"生物太阳能薄膜电池"项目也于2011年获得了"德国科技创新最高奖"。可以说，史太白技术转移中心是德国最具成效的创新成果孵化基地。

德国史太白技术转移中心作为一家纯私营机构，其核心主要分为两部分：公益性的史太白经济促进基金会和专门从事技术转移、具有非营利性质的史太白技术转移有限公司。这两个机构的总部均位于德国西南部的斯图加特市。由史太白技术转移公司作为网络的中枢，管辖所有的专业技术转移中心、子公司和其他史太白企业。史太白技术转移有限公司完全按照市场化运作，致力于技术创新的全过程、各阶段，旨在密切联系客户需求的基础上为客户提供全方位、高效、灵活的技术转移服务，其服务内容不仅局限于具备较深层次的技术咨询、研究开发、人力培训、国际性技术转移等，还涉及企业管理运营方面的内容。史太白技术转移中心以组织内强大的技术团队和人力资源为支撑，在国内和国际上建立了庞大的分支系统。该技术转移中心是一个国际化、全方位、综合性的技术转移网络，吸引了大批各个领域的专家学者积极参与，面向全球提供技术与知识转移服务。科技服务机构的网络化实现了整个网络中各类科技信息资源的高效整合与利用，降低了信息资源获取的成本，为科技成果的转化和推广提供了更为便捷和有效的渠道。通过服务网络统一管理企业研发技术需求，共同寻求技术解决方案，并进行业务和经验的交流，积极推进科技服务机构网络化。

除此之外，各地的史太白专业技术转移机构是由大学研究中心、独立研究机构和科技型企业自愿申请加入而形成，每个技术转移机构对外都是独立的，均可与委托它工作的企业进行直接联系，在贴近客户实际需求的基础上而提供服务，同时也能够不断拓展服务范围，灵活性较大。一方面，他们把注意力集中在微电子技术、生物技术、通信技术等高新技术上，有效地把新技术与现有技术结合起来，把产品与集成系统结合起来。另一方面，转移中心不仅是单一的科技成果转让机构，还通过提供咨询、研究与开发、培训等综合性全方位服务，有效地将技术创新与组织创新、管理创新进行结合，为客户提供系统性的解决方案。史太白技术转移中心充分利用国内外资源，通过国际合作建立开放型服务网络。

德国史太白转移中心以人才为中心进行专业分工，以利益为纽带，采用统一原则、统一宣传、统一服务标准发挥整体优势，构建了以专家学者为核心的开放式的技术转移服务网络。为了更好地培育优秀科技人才，史太白经济促进基金会在柏林创办了史太白大学，培育出一批又一批的具有高知识、高学历、高技术的科技工作者。目前，机构里教授数量在所有员工中占比大约为13%。众多专家学者的加入保证了科技服务机构的服务质量，同时也提高了各技术转移机构的服务专业性，既能承担某一方面的专一项目，也能通过若干中心的协同工作，完成大型综合性课题。史太白技术转移中心以其强大而又完备的专家网络为基础，能够根据市场的具体需求和发展导向，迅速地作出灵活的反应。

2.4 中国发达省市科技服务业发展经验

在我国，科技服务业是伴随着高新技术产业的兴起而发展的，虽然起步较晚，但步入21世纪后，其发展崛起对国家市场经济的繁荣复兴有着至关重要的影响，引起了国务院的高度重视，为此各地政府也相应出台了不少政策支持科技服务业的发展。目前，科技服务产业发展较好的地区主要集中在北京、浙江和广东等发达省市，这些发达省市依托本土优势，充分发挥市场机制和政策支撑作用来推动科技服务业的发展。

2.4.1 北京市科技服务业发展经验

北京市科技服务业的发展历程较早，在改革开放初期就出现了最早的设计和咨询服务，由于条件限制，当时的科技服务业发展缓慢。随着改革开放的深入，国家出台了不少鼓励政策。在20世纪90年代，很多高等院校和科研机构的研究人员纷纷下海自主经商，主要从事设计、咨询、培训等面向科技企业的服务。21世纪以来，伴随着北京市经济整体的高速增长和政府的大力支持，加上丰富的科技资源和人才资源，科技服务业得到快速发展。整体来说，北京市科技服务产业发展较为全面，在产业规模、产业竞争力、产业影响力等方面不断上升，总量不断扩大，逐渐成为北京市第三产业和国民经济主要组成部分。北京市在2015年出台的《关于加快首都科技服务业发展的实施意见》等政策中就提出，目前北京市科技服务业近五年的年均增速达到了16.2%，到2020年全市科技服务业收入将达到1.5万亿元。而在2017年前三季度，北京市科技服务业就突破了2 300亿元，占比超过一成，仅1月到8月，全市信息服务业、科技服务业大中型重点企业R&D经费内部支出同比分别增长19.7%和15.4%，期末有效发明专利同比分别增长25.3%

和 22.1%[①]。人工智能、5G、网络数据通信、新能源汽车设计、集成电路设计等领域研发投入增长较快。

北京市科技服务业的快速发展离不开北京市政府对科技服务业的大力支持。政府层面高度重视北京市科技服务业的发展，深入贯彻"科技北京"发展战略。为切实提升科技服务业对首都经济发展和转型升级的支撑能力，自 1998 年起，北京市政府、人民代表大会、科学技术委员会等部门和各区（县）先后制定了《北京高新技术产业发展融资担保资金管理办法（试行）》《北京经济技术开发区条例》《北京市促进科技中介机构发展的若干意见》等 50 余部扶持科技服务业和科技服务机构发展的法律法规和规章制度，这些文件为北京市科技服务业的发展提供了最基本也是最重要的支持。2011 年 7 月，国家发展和改革委员会、商务部、科学技术部、财政部等四部委还与北京市联合签署了《中关村国家自主创新示范区现代服务业综合试点协议》，特别指出要大力发展科技服务业，培育转制科研院所研发服务业，推动国家级产业化基地聚集研发服务资源。"十二五"期间，北京市提出要加强产业间的融合，合理布局产业区域，把重点产业园区作为主要载体，促进"四带一区"的产业功能发展格局快速形成。这些产业区域的形成不仅有助于自身转型升级，也有助于科技服务产业的快速发展，开创了不少创新型业态和创新模式。而中关村国家自主创新示范区、东部服务业产业功能区的建设，更加推动了科技服务业发展的集聚化与专业化。

在制定科技服务业发展政策的同时，北京市政府特别重视高科技人才的培养与吸引。北京市政府大力实施"海聚工程""高聚工程""科技北京百名领军人才培养工程"等人才引进计划，集聚了一批国际国内高端人才，吸引了一大批具有核心关键技术的科技服务组织来京进行国际交流与合作品牌活动，为北京市科技服务业的优化作出了突出贡献。此外，北京市生源众多，有着丰富的高等教育资源，教育质量也在全国

---

① 资料来源于中国政府网《北京市前三季科技服务业突破 2300 亿元》（2017 - 11 - 19）。

水平之上，北京大部分高等院校的毕业生都会选择在北京就业，这为北京市的人才供给和产业发展提供了新鲜且有活力的血液，这些高知识、高素质、高技术人才是科技服务业可持续发展的源泉与动力。

2.4.2 浙江省科技服务业发展经验

浙江省作为我国经济较为发达的省份之一，20世纪80年代初就开始尝试发展科技服务产业，响应国家号召发展科学技术。在不同性质的科技服务业机构中，企业成为科技服务业的主体。在20世纪90年代末，浙江省积极寻找产业发展新模式，不断革新科技服务产业发展机制体制。经过改革开放40年的发展，浙江省科技服务业的行业规模不断扩大，行业门类齐全，已经成为一个推动浙江经济发展和产业转型的重要产业。现阶段，浙江省依托丰富的高校和科技企业资源，积极搭建产学研合作平台，在众创空间社群化发展的新模式探索中取得重大进展，以特色小镇为代表的创新创业集聚区已成为浙江经济转型升级进程中的重要增长点。

浙江省科技服务业总体发展态势良好。在"十一五"期间，虽然受到金融危机的重大冲击，但全省科技服务业增加值仍然实现了15%以上的年均增幅，同时不断开发网上技术交易市场。在"十二五"期间，全省科技服务业增加值年均增幅超过20%，较GDP年均增幅高10个百分点以上。2015年，服务业增加值超过2 100亿元，全省规模以上科技服务业企业营业收入超过5 100亿元，同比增长25.6%，从业人员数达到43.9万人，同比增长2.9%。全省形成了以科技城和高新区为核心载体的科技服务业集群，集聚了一批新型科技服务机构。截至2015年底，全省8家国家级高新技术产业开发区和25家省级高新技术产业园区创造了全省近60%的高新技术产业产值和80%的高技术服务收入[1]。在

---

[1] 数据来源于《浙江省科技服务业"十三五"发展规划》。

"十三五"发展规划中，浙江省政府特意提出了"到2020年，把浙江省科技服务业发展成为万亿产业"的发展目标，积极探索科技服务业发展新模式。

在科技服务业发展过程中，浙江省充分发挥政策激励产业发展的优势，先后出台了《浙江省促进科技成果转化条例》《关于加快科技企业孵化器建设与发展的若干意见》《浙江省省级行业和区域创新平台建设与管理实行方法》等多项政策，积极引导和扶持本省的科技服务业发展。同时创新科技服务业体制机制，驱动产业自身快速发展。一些公益型科技服务机构通过改革人事、分配、考核和评价机制，逐步由面向政府服务为主转变为服务政府和市场并重，充分调动了科技服务人员的创新和服务积极性。在经济市场的背景下，通过合作、联合等方式集聚各类科技资源，面向市场不断开拓新的科技服务领域和服务内容。在多方力量的支持下，浙江省科技服务机构规模迅速扩大，科技服务专业化能力和服务实力在不断增强，所创造的经济效益也在逐年递增。

目前，浙江省已经建立起较为完善的科技决策的法律、法规和制度体系，并在产业发展过程中发挥了巨大作用。各类科技计划的立项、评审、验收等科技决策程序都已经有着详细规定，一切程序有依有据。为了能对科技服务产业的决策进行正确指导和政策支持，稳定产业发展方向，浙江省科技厅下属特设立浙江省科技发展战略研究院、浙江省科技信息研究院等研究机构，同时还借助其他高校、科研机构的力量开展科技决策研究咨询，目前已有一批常设机构提供科技决策支持服务。此外，浙江省自2003年以来还开展了引进大院名校共建创新载体活动，经过十多年的不懈努力已取得了丰硕成果。浙江省各级政府部门、大中小企业、高校和科研院所高度重视此项活动，并结合各自区域创新发展，因地制宜，积极探索了一些具有本土特色的创新载体活动。这些创新载体都是省市县合力推进，通过省领导带队进行高层互访，各部门联手协作，辅之政策配套支持，把企业作为引进共建的主体。各类共建科技园、创业园和产业园等蓬勃发展，载体的质量稳步提升，为浙江省科技服务业的发展奠定了坚实基础。

2.4.3 广东省科技服务业发展经验

广东省科技服务业起步于20世纪80年代。在各级政府和科技主管部门的大力支持下，各类科研机构、生产力促进中心、技术创新中心、专利事务所等技术中介、无形资产评估、信息服务咨询机构等相继建立，并引进了一批国外的科技服务机构，这些服务机构主要集中在改革开放的先行地——珠三角地区。在当时，各大高校的专家、教授就利用星期六、星期天的时间到乡镇为企业提供科技咨询、技术攻关、产品研发等科技服务，被称作"星期六"工程师。90年代初，广东就积极组建省工程技术研究开发中心，打造科技服务的有效载体。在1995年时，广东通过技术市场登记的技术合同就有5 098个，金额达12.6亿元[1]。

经过多年的努力，广东科技服务业有了很大的发展。2017年广东省全年科技成果2 509项，其中基础理论成果204项，应用技术成果2 257项，软科学成果48项；专利申请量62.78万件，增长36.0%；专利授权总量33.26万件，增长28.4%，居全国首位。截至2017年底，全省有效发明专利量20.85万件，居全国首位；高新技术企业3.3万家，高新技术产品产值6.7万亿元；拥有国家工程实验室13家，国家工程（技术）研究中心23家，国家地方联合创新平台66家；已建立省级工程研究中心4 215家，国家认定企业技术中心94家，省级企业技术中心265家；认定技术创新专业镇434个。其中生产力中心服务体系日臻完善，基本覆盖21个地市及部分专业镇区，形成上下联动、协同合作的生产力促进服务网络[2]。科技服务业规模不断壮大，科技服务内容不断丰富，科技服务能力显著提升，推动广东科技服务业以年产值增长20%

---

[1] 资料来源于《广东科技统计资料》（1991～1995年）。
[2] 资料来源于《2017年广东国民经济和社会发展统计公报》。

的速度蓬勃发展，现已初步形成工业设计、创意设计、研发外包、生命健康服务、科技投融资等新兴业态。

广东科技服务业发展迅速离不开各级政府及相关科技部门的共同努力。在科技服务业的发展初期，广东省就先后制定了《广东省科技服务业发展总体规划》《广东省科技评估管理办法》《广东省科技型中小企业技术创新专项资金管理暂行办法》等一系列扶持企业技术创新和科技服务机构发展的法律法规和政策措施，为科技服务业的发展提供了重要的支持。同时，在《珠江三角洲地区发展改革规划纲要（2008～2020）》《中共广东省委广东省人民政府关于加快建设现代产业体系的决定》《广东省自主创新促进条例》等重要政策法规及配套文件中，均提出要把发展科技服务业作为发展现代服务业的重点领域来抓。2012年，广东省政府出台了《关于促进科技服务业发展的若干意见》，广东省科技厅先后出台了《广东省科技服务业"十二五"规划纲要》《广东省"十二五"生产力促进中心发展规划纲要》等。这些政策文件的发布进一步明确了广东发展科技服务业的指导思想、基本原则、发展目标、发展重点和保障措施，为培育规范广东科技服务市场，发展壮大科技服务业新兴业态，促进广东科技服务业持续健康发展提供了政策保障。

作为改革开放第一批试验省份，广东省以科技服务业发展较好的珠三角地区为依托，以各类新型科技园区和科技服务平台为载体，建立了高标准的科技服务基地，大力发展工业设计、信息内容服务和生命健康服务等新兴科技服务业。在各级政府的引导下，广东省各企业积极与高等院校、科研院所进行产学研合作，取得不少重要科技成果。为了集中发展科技服务业，广东省采取政府计划和重点吸引投资的形式，有选择性地在特定城市或地区支持一些重点科技服务业，使得部分有需求、条件好和见效快的重点地区发展得更快。同时，以"五位一体"为结构布局的广东科学城也为产业群体提供了知识密集型的科技服务，逐步形成了科技服务业增长极。广东省还将市场机制引入科技服务领域，支持与鼓励民营资金参与科技服务企业与机构建设，第三方提供的科技服务逐渐增多。为积极推进先进服务业的发展，广东省政府大力扶持信息技术外包服务、技术性业务流程外包服务和技术性知识流程外包服务等。通过加强重点实验室、工程中心和生产力促进中心等建设，加强共性支撑，形成了以自主创新为核心的科技服务业技术与服务标准体系。利用横向协同，强化互联互通与业务联动，有效支撑了科技服务业的协调发展。

与此同时，为积极促进科技服务业平稳快速发展，动员、组织广大科技人员深入基层服务企业，广东省特开展了具有代表性的企业科技特派员工作，其队伍规模为我国之最，服务成效也最为显著。由广东省、教育部、科技部等部门联合成立的省部企业科技特派员行动计划工作领导小组，并联合印发了一批政策文件，广东省各高校也纷纷出台了相应的特派员激励政策和工作计划，同时编制了《省部企业科技特派员考核验收工作指引》，对特派员进行期满评估和考核。通过企业科技特派员工作，广东省建立了一批产学研创新联盟，共同攻克了一批关键技术，打造了一批人才培养基地，培育了一批优秀的有经验的一线科技工作者，在建立产学研结合长效机制的基础上积极推动科技成果转化和产业化，有效解决了广东省产业发展行业共性和关键技术等问题。

2.5 科技服务业发展经验总结

通过以上对主要发达国家和国内发达省市的科技服务业发展历程、现状和实践经验的梳理，可以看出，科技服务业的快速发展离不开以下几点要素：

（1）科技法律法规体系的完善度；

（2）科技专业人才的重视程度；

（3）科技金融的支持力度；

（4）科技信息的互通性；

（5）充分发挥行业协会的重要作用；

（6）良好的科技体制环境。

发达国家和国内发达省市在探索科技服务业发展道路时，强调了产业发展的政治环境重要性。首先，完善的法律法规体系是科技服务业发展的社会基础，政府各部门通力合作，规范操作，努力为科技服务业创造良好的机制体制环境，推动产业不断创新发展。其次，高端科技专业人才和充足的资金保障是科技服务业不断升级转型的强大后盾。科技服务业是一种非常专业的工作，特别重视专业性和知识性的投入，只有对人才的挑选精益求精，才能满足科技发展需求。同时通过政府划拨财政资金、购买补偿服务或资金担保等金融支持方式可促进科技服务体系的良性发展。再其次，各科技服务机构之间的信息互通高效性是丰富科技咨询内容和促进科技成果推广的重要因素，利用科技服务网络互相支持、互通信息，推动科技产业创新。最后，科技服务业在发展过程中离不开行业协会的支持。一方面，行业协会履行着政府的部分职能，能及时向科技服务机构传递行业讯息与政策思想等；另一方面，作为科技服务行业的权益代表者，行业协会能够向政府争取更多的优惠条件，它是政府与科技服务机构之间的桥梁和纽带。

国内外发达国家和省市的科技服务业发展态势迅猛，并各具特色。相比之下，江西省科技服务业的发展较为落后，在自主研发、技术创新、创业孵化、创新成果转化和技术市场交易等众多方面还存在着较多问题。为此，有必要学习借鉴发达地区的科技服务业发展经验，同时结合江西省经济社会实际情况，根据我省自身发展基础和优劣势，制定符合当地产业发展的措施，推动经济与科技融合。

2.6 本章小结

本章梳理了国外部分发达国家和国内部分发达省市科技服务业的发

展历程和发展现状，重点总结了韩国、英国、德国以及我国北京市、浙江省、广东省的科技服务业发展经验。国内外科技服务业发展经验研究可为江西省科技服务业的发展模式及策略的制定提供了有益的经验借鉴。

第 3 章

江西省科技服务业发展现状

科技服务业的发展水平对一个地区的经济繁荣和科技创新至关重要。为促进江西省科技服务业能够稳定、长远发展，需要充分调研江西省科技服务业的发展现状，结合本区域实际情况为后续发展模式和发展策略研究奠定现实基础。本章将研究江西省科技服务业的发展现状，并与中部其他省份进行对比分析，其次对江西省科技服务业的发展进行SWOT战略分析，最后构建江西省科技服务业发展水平评价指标体系并进行实证研究。

3.1 江西省科技服务业发展现状分析

3.1.1 江西省科技服务业发展基础

江西省面积达 16.69 万平方公里，共设南昌、九江、景德镇、萍乡、新余、鹰潭、赣州、宜春、上饶、吉安和抚州等 11 个设区市，10 个县级市，68 个县，22 个市辖区。近年来，江西省的经济实力在不断上升，逐年增长的地区生产总值为江西省科技服务业发展提供了较好的社会经济基础。2016年江西省地区生产总值为18 364.4亿元，而在2017年，全省生产总值再一次突破往年最高值，达到20 818.5亿元，同比2017年增长8.9%。其中，第一产业增加值为1 953.9亿元，增长率4.4%；第二产业增加值为9 972.1亿元，增长率8.3%；第三产业增加值为8 892.6亿元，增长率10.7%。与此同时，三大产业结构由2014年的10.7∶52.5∶36.8，2015年的10.6∶50.8∶38.6，2016年的10.3∶47.7∶42调整为2017年的9.4∶47.9∶42.7，三大产业对地区生产总值增长的贡献率分别为5%、47%和48%。① 由此可见，虽然第二产业占据经济比重仍然较大，但第三产业占经济比重呈明显的逐年上升趋势，说明现代服务业对社会经济发展的促进作用逐年加大，这也为江西省科技服务业的发展提供了强而有力的支撑，有较为充足的资金和资源为其所利用。

截至2016年年底，江西省共有43项国家级科学技术奖励，526项省级科技奖励成果，企业成为创新主体和主导。2016年全省企业研发经费共181.35亿元，比2012年增长了93%，年均增长17.9%；企业对全社会研发经费增长的贡献为87.45%，比2012年提高4.78%。国家重点实验室和国家工程技术研究中心14家，国家级创新载体73个，其中国家级高新区7家，数量并列全国第六位，中部第一位。江西省共建设国家级高新技术产业化基地27个，位于全国第一位，省级高新技术产业化基地12个；国家火炬计划特色产业基地4个、国家火炬计划软件产业基地1个、国家级文化和科技融合示范基地1个。全省共有3个国家级创新型产业集群试点和1个国家级产业集群试点（培育）②。这些产业基地的建设，对推动江西省高新技术产业发展，提升产业自主研发创新能力，推动创新平台建设具有重要意义。

---

① 《江西省2017年国民经济和社会发展统计公报》。
② 资料来源于江西省统计局官网，经作者整理而得。

3.1.2 江西省科技服务各业态发展情况

1. 研究开发服务业态发展情况

江西省从事研究开发的服务机构主要包括科技企业的研发中心、科研机构、高等院校和部分中小型研发服务机构等。截至2015年年底，江西共有研究开发活动单位1 531个，研发人员达78 771人，研发项目（课题）25 100项，其中科技企业占据明显的主体地位。①

通过调研发现，当前江西省科研院所、省内高等院校的研发成果主要面向政府和企业提供服务，而实力较强的工业企业，可以开展一定的研究开发活动，其研发成果基本上在企业内部进行转化和应用。江西省专业研发机构的主要代表有江西省科学院、江西省电力工程设计勘察技术研发中心、清华大学高端装备院九江联合研发中心、江西互动软件研发机构、江西拓扑研发中心、瑞昌市环球工艺研发中心等。

其中，江西省科学院是目前江西最具有代表性的专业研究开发服务机构，为江西省研发领域的发展提供了有力支撑。江西省科学院现有职工500余人，其中高级专业技术人员105人，中级专业技术人员130人。具有硕士、博士学位人员99人。享受国务院特殊津贴19人，享受省政府特殊津贴7人，江西省跨世纪学科带头人2人、江西省新世纪百千万工程人9人和赣鄱英才"555"工程领军人才7人，拥有3个省部级和8个院级优势科技创新团队②。江西省科学院拥有生物资源研究所、微生物研究所、能源研究所、应用化学研究所、应用物理研究所、科技战略研究所6个研究所和高科技开发中心、计算机培训中心、食品工程创新中心、低碳经济研究中心和鄱湖阳研究中心5个研发中心，建有3个省级重点实验室、4个省级工程技术中心。江西科学院现已加入了铜

---

① 资料来源于江西省统计局官网，经作者整理而得。
② 资料来源于江西省科学院官网，经作者整理而得。

冶炼及加工国家工程技术中心、硅基 LED 国家工程技术中心及中国再生资源产业技术创新战略联盟、中国海洋监测设备产业技术创新战略联盟和全国地方科学院联盟，为创造更多的科技成果提供了坚实的基础条件①。

从江西省研究开发服务业态的现状来看，要想发展研发服务水平，必须推动江西省研发机构和企业持续与中国科学院、中国工程院、中国农科院等国家大院大所及国内外知名高等学校进行战略合作，共建一批研发机构、转化平台和科技基础设施。同时吸引央企在赣建立研发机构、产业化基地等，开展产业技术联合攻关，孵化一批具有核心竞争力的骨干企业。

2. 技术转移服务业态发展情况

经调研发现，江西省通过技术转移促进行动的实施和健全科技成果转化机制等方式，加快了技术转移和扩散，促进了技术转移和科技成果产业化。同时建立了技术交易全程服务支撑平台，支持国家级技术转移示范机构和江西创新驿站面向江西省企业开展以企业需求为导向的高端技术转移服务，鼓励技术转移服务机构对接国家重大科技专项和各类科技计划项目，推动科技成果在企业转化落地。

江西省技术转移服务业态虽然起步晚，但发展速度快，各技术转移服务机构蓬勃发展，推动了江西省科技服务业的整体发展。在 2016 年，江西省就有 12 项优秀科技成果荣获 2016 年度国家科技奖，实现了历史性突破。全省登记科技成果有 801 项，认定了第二批 11 家省级技术转移示范机构，江西省共有 5 家单位及个人荣获了"第八届中国技术市场金桥奖"。与此同时，网上常设技术市场建成并投入运营，组织了 4 场全省性大型科技成果对接会，实现了技术合同成交金额超 79 亿元，再创历史新高②。

目前，江西省发展较好的技术转移服务机构主要有南昌大学科技园

---

① 资料来源于江西省科学院官网，经作者整理而得。
② 资料来源于中华人民共和国科学技术部官网，经作者整理而得。

发展有限公司、江西省科技咨询服务中心、江西师大科技园发展有限公司、赣州市企业技术创新促进中心、新余市高新区企业科技服务中心等。这些技术转移组织结合企业转型发展的需要，围绕企业的科技服务需求，全心全意为企业提供综合性、一站式科技服务，促进企业技术创新能力提升，受到了企业的欢迎和社会的认可。

其中，最具有代表性的是南昌大学科技园发展有限公司，该机构是连接学校与社会、学校与企业的重要桥梁和国家高新区"二次创业"的重要引擎，已成为高新技术企业孵化基地、科技成果转化基地。2013年，南昌大学科技园促进技术转移项目261项，促进技术转移项目成交金额达11 905万元；其中促进战略性新兴产业内的技术转移项目59项，促进战略性新兴产业内的技术转移项目成交金额6 408万元；组织技术推广和交易活动25次，组织技术转移培训25人次，服务企业4 000家，解决企业需求303项[①]。

江西省科技咨询服务中心主要依托和发挥科协系统人才荟萃、组织网络健全的优势，积极开展技术转移及技术服务的科技机构。该中心与100余家省级学会、100余家市（县）科协、80余家企业科协建立了网络服务合作关系，新建院士工作站10家，引进院士21人，院士与建站单位签订技术合作项目30项。2013年促进技术转移项目268项，促进技术转移项目成交金额6 166万元；其中促进战略性新兴产业内的技术转移项目59项，促进战略性新兴产业内的技术转移项目成交金额2 958万元；组织技术推广和交易活动3次，组织技术转移培训100人次，服务企业有233家，解决了企业需求268项[②]。

江西师大科技园发展有限公司主要围绕文化产业和现代服务业、纳米材料、先进功能材料、绿色功能化学品、现代农业绿色食品、环境与生态工程、信息技术软件产业等7个专业技术孵化基地，为企业提供技

---

① 资料来源于南昌大学科技园官网，经作者整理而得。
② 资料来源于江西省科技咨询服务中心官网，经作者整理而得。

术转移和咨询服务。2013年，该科技园促进技术转移项目82项，促进技术转移项目成交金额1 765万元；其中促进战略性新兴产业内的技术转移项目45项，促进战略性新兴产业内的技术转移项目成交金额913万元；组织技术推广和交易活动5次，组织技术转移培训136人次，服务企业112家，解决企业需求186项①。

赣州市企业技术创新促进中心是由江西理工大学、江西省工信委和赣州市工信委三方共同组建的知识密集型服务机构。中心发挥联结政府、企业、科研院所和高校的"桥梁"和"纽带"作用，致力于技术传递、信息传递、人才传递、政策指导和科技与经济相结合，十几年来先后为各级政府和企事业单位提供了6 000多项（次）服务，承担并完成3项国家级课题和15项省级课题。2013年，该促进中心完成了17项促进技术转移项目，促进技术转移项目成交金额2 216万元。其中，促进战略性新兴产业内的技术转移项目5项，促进战略性新兴产业内的技术转移项目成交金额656万元；组织技术推广和交易活动1次，组织技术转移培训56人次，服务企业391家，解决企业需求134项②。

这些技术转移机构为我省技术转移做出了重大贡献，提高了本省科技成果转化/转移的能力，真正做到了科技成果产业化，带来了巨大的社会效益与经济效益。

3. 检测检验认证服务业态发展情况

由于社会经济基础和科技创新能力的限制，江西省检验检测认证服务业态发展较弱，目前还没有形成一个完整的体系。现有的检测检验认证服务机构主要以江西省质量技术监督局、江西省科学院分析测试中心、江西省产品质量监督检测院、南昌矿产资源监督检测中心国家级实验室、江西省计量器具新产品样机试验站等公立组织为主，民营的第三方检测检验认证服务机构有待完善。要促进检验检测服务业发展，必须

---

① 资料来源于江西师大科技园发展有限公司官网，经作者整理而得。
② 资料来源于赣州市企业技术创新促进中心官网，经作者整理而得。

推动检验检测市场向社会开放，为全省重大项目、民生工程领域类检测机构开辟绿色通道，需要简化资质认定办理程序，鼓励检验检测认证机构自主组建技术联盟，提升服务产值，打造服务品牌。

江西省质量技术监督局作为全省具有较强权威性的检验检测服务机构，在生产性服务业中承担着推动互联网、大数据、人工智能与实体经济深度融合，大力发展信息技术服务、检验检测认证等主要任务。江西省科学院分析测试中心（广州中科检测技术服务有限公司江西分中心）则负责为省内外的政府部门、科研院所科研开发和技术创新、工厂企业等提供专业分析检验测试服务，它由江西省科学院与广州中科检测技术服务有限公司共同组建。该中心通过了中国计量认证、食品检验机构以及中国合格评定国家认可委员会认证，拥有高效液相色谱仪、气相色谱－质谱联用仪、火焰/石墨炉原子吸收光谱仪、傅里叶变换红外光谱仪、荧光光谱仪、紫外－可见分光光度计、X－射线粉末衍射仪、纳米粒度及ZETA电位分析仪等大型仪器，拥有硕士、博士学历以上技术人员12人，为生产、环保、医疗、卫生、化工、医药等部门提供专业分析检测服务，并解决了大量关键技术难题。江西省产品质量监督检测院是江西省政府依法设置的第三方检验机构，是江西省质量技术监督局直属单位。2002年首次通过"三合一"国家实验室认可，2004年通过国家实验室认可扩项和复审，逐步形成了电子、电工、食品、化工、机械、建材、轻工、安防产品等16大类1 000余项产品的检测能力。该机构承担各级政府下达的产品质量监督检验工作，可提供委托检验、仲裁检验、验货检验、质量鉴定、认证检验、质量技术咨询和人员培训等检测技术服务。江西三正检测科技有限公司（简称"三正科技"）是民营检测检验服务机构的代表之一，该公司于2017年8月成立于江西赣州信丰县，注册资本1 000万元，属于当地政府招商引资的国家级第三方检测机构[①]。公司全面实施ERP数据库系统及在线检测系统，取得了

---

① 资料来源于顺企网——江西三正检测科技有限公司，经作者整理而得。

ISO9001 体系认证。

对于江西省地方性检验检测服务机构的发展情况,属景德镇陶瓷检验检测服务业态发展较好。近年来,景德镇结合地方实际,强化陶瓷实验软硬件建设,以提升检验检测服务能力为着力点,遵循"资源整合、推进融合、共赢共享"原则,积极探索检验检测公共服务平台的运行和管理机制,倾力打造具有地方产业特色的检、政、产、学、研"五位一体"的公共检验检测陶瓷服务平台,初步构建了陶瓷艺术品检测评估体系,逐步走出一条检验检测技术机构发展的新路。"五位一体"公共检验检测服务平台是一个为全社会提供高质量检验检测服务的资源共享性服务平台。平台围绕"一带一路"倡议,以科技检测开放共建共享为目标,以政府主导、产业引导、科研院校参与、检验检测支撑,通过科研、培养、标准化、检测、鉴证、评估等手段,提升公共检验检测服务能力,具有应用性、开放性、公益性特点。

江西省政府应逐步建立起集检测、分析、校准、技术诊断及服务、科研开发、经营运作于一体的检测检验服务体系。政府相关检验检测认证服务机构在继续承担政府检测检验任务的同时,可以积极主动服务于企业,寻求与企业间的技术交流与业务合作,由"监督型"工作模式向"服务型"工作模式转变。

4. 创业孵化服务业态发展情况

通过实地调研及利用互联网、统计年鉴等方式对江西省科技服务业创业孵化服务业态的实际情况进行了整理分析。

近几年,江西省科技厅认真贯彻落实创新驱动发展和"大众创业、万众创新"战略,大力实施创新驱动"5511"工程,众创空间和科技企业孵化器取得了快速发展。截至 2017 年 12 月,科技部下发了《科技部关于公布 2017 年度国家备案众创空间的通知》和《科技部关于公布 2017 年度国家级科技企业孵化器的通知》,其中江西省有 32 个众创空间被确定为国家备案众创空间,3 个科技企业孵化器被确定为国家级科技企业孵化器。截至 2017 年年底,全省共有国家备案众创空间 43 个,省级 82 个；国家级科技企业孵化器 19 个，省级 40 个，省级（培育）8 个，创历史新高。

为大力支持众创空间和科技企业孵化服务的发展，江西省政府出台了《江西省众创空间认定管理办法（试行）》《江西省人民政府办公厅关于加快众创空间发展服务实体经济转型升级的实施意见》《江西省人民政府关于创新驱动"5511"工程的实施意见》等各类政策，同时在 2015 年 11 月还成立了"江西省科技企业孵化器联盟"，进一步加强了全省孵化器相互之间的合作与创新发展，提升了全省孵化器的服务能力。

同时，为推动科技创新孵化发展，江西省科技厅特意从中央引导地方资金项目中拿出了 1 000 余万元对比较优秀的众创空间和科技企业孵化器给予了资金支持。截止到 2017 年年底，全省各类孵化载体服务创业团队 7 000 余个，举办创新创业活动近 5 000 场，开展创业教育培训近 3 000 场，开展创业国际交流活动 25 场；全省各类孵化载体内共有在孵企业近 9 000 家，累计毕业企业 2 000 余家，累计培育上市、挂牌企业 77 家；全省各类孵化载体内创业团队和企业带动就业总人数近 10 万人，其中吸纳应届大学生就业近 3 万人[①]。江西省众创空间和科技企业孵化器工作取得了显著的成效，科技创业孵化能力逐步提高。目前，江西省创新创业孵化机构主要有华东交通大学科技园、江西汉昀孵化器、诚志科技园（江西）、中青数媒移动互联网 APP 产业孵化园、景德镇市大学生陶瓷创业孵化园、恒盛科技园等。

华东交通大学科技园（大学生科技创业孵化园、科技成果转化中心）作为大学生创新基地的代表，始建于 2014 年，2015 年被团省委命名为"江西省大学生创业孵化基地"，2016 年通过"江西省技术转移示范机构"认定，2017 年入选省教育厅"江西省大学生创新创业示范基地"，有着"江西省众创空间"及"江西省科技企业孵化器""南昌市

---

① 资料来源于江西省发改委官网，经作者整理而得。

科技企业孵化器"及"南昌市小企业创业基地"等创新创业平台称号。该科技园有一支优秀的专业化管理团队，借鉴现代企业管理模式，机构设置合理，运营有序；公共基础设施完善，建立了集资源、信息、孵化、服务为一体的园区支撑服务体系，为技术、企业及管理人才提供专业化服务。以逸夫楼架空层、创新楼及各学院孵化基地为主，采取"集聚中心+孵化基地"的模式建设，总面积1.3万余平方米，现有在孵企业50余家，吸纳"双实双业"在校生近千人。科技园积极整合政府、社会和学校资源，依托学校优势学科，结合"交通特色，轨道核心"的学科定位，重点培育轨道交通、建筑与土木工程、现代智能机械与装备制造、智能控制及电气工程、物联网及通信技术、互联网+与信息技术、新材料开发、企业咨询管理与策划、文化创意等产业领域，形成"大交通"建园特色。与此同时，科技园还通过"华东交大科技成果转移转化综合服务平台"，推进产学研用有机结合，将学校优势学科平台与产业平台互动，促进科技成果向现实生产力转化；通过引进社会及校内专业团队服务机构等形式，为企业提供市场营销咨询、金融、管理咨询、项目评估、企业策划、专利事务、会计审计咨询、知识产权及法律咨询、财务管理、市场分析、项目认证、项目申报等中介服务。

5. 知识产权服务业态发展情况

目前，江西省知识产权服务业态主要由江西省科技厅领导的江西省知识产权局主导发展，同时设有江西省专利事务所、江西省知识产权服务中心、江西省知识产权（专利）信息公共服务平台等辅助服务机构，通过培育各类知识产品服务品牌机构和知识产权示范企业等方式来支撑江西省知识产权服务业态的发展。

其中，江西省专利事务所是经江西省人民政府批准成立，在国家知识产权局专利局登记注册的国内专利代理机构，是面向全省各类单位、组织和个人提供综合性科技、法律及专利服务的全民事业单位，是目前我省规模最大、专业最全、办案最多、服务最佳的主要专利代理服务机构。江西省知识产权（专利）信息公共服务平台则包含了中外专利数据库服务平台（江西）、江西省十大战略新兴产业数据库平台、设区市专利信息平台、特色行业专题专利信息平台、国内外免费专利数据库等专利检索平台，这些基本检索工具供社会公众使用，知识产权基础信息资源也向社会开放。

2015年11月，江西省知识产权局启动开展知识产权质押融资工作后，着力构建融资服务平台，大力加强政府引导和银担合作，加大财政支持力度，引导和促进融资服务机构和银行业金融机构为四众企业提供快捷、低成本的融资服务，有效地缓解了我省中小微企业知识产权质押融资难、融资贵的问题。以专利权质押融资为代表的知识产权金融服务获得了全省越来越多的地区、部门、金融机构以及企业的认可，日益体现出知识产权的市场价值。江西省知识产权局致力于鼓励金融创新，加强科技和知识产权资源与金融资源的有机结合，促进"知本"变"资本"，破解中小企业融资难题，全省知识产权金融工作迅速破局，得到快速发展。2018年第一季度全省知识产权质押融资额再创新高，达8.2027亿元，超过2017年全年总额。据统计，截至2018年4月，全省知识产权质押融资总额达到了20.5827亿元[①]。

当前，江西省知识产权中介服务机构也在逐步发展，主要有江西省陶瓷知识产权信息中心、江西互邦知识产权服务有限公司、江西润桐知识产权服务有限公司、江西万泰知识产权服务有限公司、江西正中知识产权咨询有限公司及南昌金轩科技有限公司等。江西省知识产权服务机构规模在不断庞大，服务水平逐渐提高并得到社会的认可。江西省陶瓷知识产权信息中心是江西省首个全国知识产权服务品牌机构，是我国陶瓷行业唯一的国家级陶瓷知识产权信息中心，拥有着中国、美国、英国、德国等国家与组织的全套专利数据库，履行陶瓷专利文献信息的收集、整理、加工与传播，对国内外陶瓷方面的专利进行调查、分析、研究等公益性服务。

---

① 资料来源于江西省人民政府网站，经作者整理而得。

在 2018 年 3 月，国家知识产权局网站公布确定了一批 2017 年度国家知识产权示范企业和优势企业，江西铜鼓江桥竹木业有限责任公司被确定为 2017 年度国家知识产权优势企业。该公司现有员工 285 人，注册资金 1 100 万元，2017 年资产总额为 17 694 万元，固定资产 5 087 万元，销售收入 1.6 亿元，纳税总额 1 454 万元，创外汇 2 040 万美元，先后申请并获得专利 16 项，其中发明专利 3 项，实用新型专利 5 项，外观设计专利 8 项，到目前为止该公司拥有各类专利 56 项。专利的实施为公司开发新产品提供了强有力的技术支撑，据统计，公司 2016 年专利产品销售收入达 7 000 万元，占总销售收入的 43%。同时该公司 2015 年获得了江西省人民政府专利奖，并荣获了江西省知识产权优势企业称号①。

同时，江西省知识产权局和知识产权中介服务机构等相关组织也积极面向重点产业领域提供知识产权信息服务。一方面，围绕江西省十大战略新兴产业，针对新能源、新材料、节能环保、航空产业、绿色食品等产业发展重点领域，开展专利竞争力分析、专利布局策略分析和专利态势分析等，研究对江西省相关产业研究开发和产业发展的影响，并提出相应的对策建议。另一方面，围绕各城区及县镇的特色发展产业，开展产业链专利专题分析，分析技术发展路径，绘制产业专利地图，从知识产权角度指导区县进行招商引资和技术引进，完善产业链布局。

6. 科技金融服务业态发展情况

江西省正在建立健全科技金融服务体系，积极创新科技金融模式，完善科技、金融、企业之间的对接机制，推进金融创新与科技创新深度融合。通过探索实行投贷联动模式和直投业务试点，逐步加大对初创期科技型中小微企业的支持力度，开展知识产权、股权、收益权等质押融资，完善科技型企业"投、贷、债、保"联动机制，引导金融机构支持具有核心技术和市场前景的科技项目，发挥金融资源对科技创新的推动

---

① 资料来源于江西省铜鼓县科技局官网，经作者整理而得。

作用。同时采取扩大省科技成果转化引导基金资金规模、综合运用股权投资、风险补偿、绩效奖励等多种投入方式，吸引金融资本和社会资金向科技创新领域聚集，助推科技型企业发展壮大。在2018年3月30日，由江西省科技金融管理服务中心牵头组织的江西省科技担保联盟正式成立，为各联盟成员单位提供了一个科技企业项目、技术专家咨询服务、科技信贷风险补偿政策的共享平台及信息交流平台。

在社会各界的努力下，江西省科技金融服务业态发展情况日益改善。目前科技金融中心主要集中在南昌市高新区、赣江新区、南昌红谷滩金融中心等地。2016年7月，南昌高新区在国家积极推进"创新驱动发展"战略、鼓励大众创业万众创新的大背景下，加快转变经济增长方式，积极调整产业结构，大力推进产城融合。结合南昌高新区的科技金融现状，同时借鉴西安、苏州等地的成功经验，南昌高新区高标准、高规格、全产业链地启动了瑶湖科技金融港的建设，并与红谷滩的金融商务区错位发展，形成类金融机构的CBD，为区内的实体经济提供全方位、高质量的金融服务。目前已入驻的各类金融及类金融机构超过70家，初步显现了金融的集聚效应。另外，区内的基金规模效应也突出显现，现有38个基金项目（含有限合伙），注册资本及实际募集资金65.3亿元，管理的基金规模超过300亿元[①]。而管委会也积极出资引导基金，成功引进了洪城资本、中科创投、新世纪创投等。这些金融机构的聚集，为区内的实体经济和产业发展注入了新鲜血液，避免了金融机构出现"空转"的现象，为探索"科技金融融合创新、推进产业发展"的新路径奠定了基础，同时也为企业的发展提供了保障和支撑。

2017年6月，国务院批复在南昌赣江新区设立国家绿色金融改革创新试验区，赣江新区绿色金融发展取得了初步成效，打造了绿色金融示范街，引导九江银行、招商银行、北京银行等设立绿色金融事业部或者是绿色支行，推动江西碳排放交易所入驻。截至2017年末，已经有17

---

① 资料来源于南昌网《南昌高新区：科技金融助经济发展腾飞》（2016 - 11 - 25）。

家商业银行、5家保险公司、4家网络小贷公司、8家交易平台、绿色分布机构扎根赣江新区。赣江新区在新三板挂牌企业达到6家,在江西联合股权交易中心挂牌企业达到117家[①]。而在2018年2月,作为腾讯设立的首个省级金融科技实验室——腾讯(江西)金融科技实验室在赣江新区启动,这是深化我省与腾讯集团战略合作的一项重要内容,也是建设赣江新区绿色金融改革试验区的一次重大创新。

与此同时,为支持企业科技创新,上饶银行业强化服务对接,通过参加小微企业融资超市、融资对接会等方式,了解科技型企业的融资需求和特点,贴近科技企业提供专业服务。同时,针对科技型小微企业开辟绿色审批通道,明确支行前置审批权限,大大地提高了审批效率。其中农行上饶分行还为江西晶科能源有限公司"1 000兆瓦太阳能电池组件产业化"项目提供专项融资9 300万元,支持企业推广应用"高效率抗PID电池组建技术"[②]。

7. 科技普及与科技咨询服务业态发展情况

当前,江西省科技普及与科技咨询服务业态还未完全细分,主要由江西省科学技术协会进行统一经营管理,旗下有5个直属单位,分别是省科技馆(2015年成建制由省科技厅转至省科协管理)、青少年科技活动中心(省科技活动中心)、省农村致富技术函授大学、省院士专家服务中心(省科技咨询服务中心)、省科普资源中心等。建会以来,江西省科协现有所属省级学会(协会、研究会)126个,11个设区市科协,100个县(市、区)科协,高校科协21个,市、县级学会1 930个,园区科协62个,以中高级职称科技人员为主体的会员共有37万余人,农村、企业、街道社区科协等基层组织2 300余个,服务范围基本覆盖全省。为了加深科技普及和科技咨询服务的效果和服务范围,各市、县区

---

① 姚润梅. 赣江新区绿色金融改革创新试验区建设初探[J]. 金融与经济, 2018 (4): 90-92.
② 资料来源于中国经济网《江西上饶打造"科技金融"品牌》(2015-10-30)。

都积极建立了科技普及基地。2017年，江西省就有76个科普教育基地被命名①。

江西省各城区为推动科技普及，会定期组织开展科技活动，旨在宣传科技扶贫成就、举办特色科普活动、开放优质科技资源、营造创新文化氛围。近几年，江西省科技普及以"互联网+科普"为理念，积极推进科普信息化建设，通过科普e站、"科普江西"微信公众号、江西手机报客户端等方式，及时将实用有效的科普知识传递出去。其中，"科普江西"微信公众号关注量超过16万人，科普微信矩阵日臻完善，已有11个设区市，6个县（市、区），6个省级学会加入；科普云平台建设大力推进，219台科普云终端分布在全省人口密集的机关、校园、社区；江西数字科技馆已建成科技体验区、科学创意园、科普博览区和科普服务区，吸引了大量青少年去学习，去体验②。这些科技普及的相关影视作品增长较快，尤其是科普简版，科普展教品的投入较多。但实际上江西省科普展教品产业并不发达，很多都是从外地购买。

此外，从科技普及服务的现状来看，江西省农村科技普及条件较差，既缺少充足的科技普及专项经费的支持，也缺少开展科技普及活动的必要场所和设计建设；城市科技普及情况相对较好，通过每年举办科技活动周，积极推动了主城区科技普及服务，基本实现人均科技普及专项经费大于1元。

3.1.3 江西省科技服务业整体发展现状

近几年来，江西省规模以上服务业发展提速较快，对经济增长的贡献突出。"互联网+"新兴服务业、创新型科技服务业等现代服务业呈直线增长趋势，为江西经济结构调整、产业转型升级发挥了积极作用。截至2017年年底，全省研究与试验发展（R&D）经费支出250.1亿元，

---

①② 资料来源于江西省科学技术协会官网。

占GDP的比重为1.2%；拥有国家工程（技术）研究中心8个，省工程（技术）研究中心300个，国家级重点实验室4个，省级重点实验室157个；受理专利申请70 591件，授权专利33 029件，签订技术合同2 404项，技术市场合同成交金额96.2亿元。其中，技术开发合同成交额41.4亿元，技术转让合同成交额16.0亿元。全省共有产品质量检测机构70个，其中，国家级检测中心10个，法定计量技术机构245个[①]。

如表3-1所示，从2011~2015年这5年连续的时间内，江西省科技服务业单位数量呈现明显增加趋势。2015年江西省科技服务业法人单位数量为16 479个，是2011年的2.6倍，2010~2015年法人单位数量的年平均增长率为22.88%。其中信息传输、计算机服务和软件业法人单位数量呈一个显著上升状态，但在2013年，信息传输、计算机服务和软件业法人单位数不仅没有增加，反而出现了规模缩减现象，2014年又呈回升趋势，并比2012年的数量增加了34.73%；科学研究、技术服务和地质勘查业法人单位数量则呈现连年大幅增长的趋势；科技服务业法人单位数占第三产业法人单位数的百分比也呈现稳步上升趋势。据此可知，江西省政府这几年来对于创新驱动发展和科技创新的强省兴省战略的高度重视与强力支持，6年的年平均增长率为19.08%。

表3-1　　　　江西省科技服务业法人单位数量　　　　单位：个

年份	信息传输、计算机服务和软件业法人单位数	科学研究、技术服务和地质勘查业法人单位数	科技服务业法人单位数	第三产业法人单位数	科技服务业法人单位数占第三产业法人单位数百分比
2015	6 905	9 574	16 479	266 832	6.18%
2014	4 287	8 546	12 833	227 755	5.63%
2013	2 506	6 936	9 442	182 915	5.16%

---

① 资料来源于《江西省2017年国民经济和社会发展统计公报》。

续表

年份	信息传输、计算机服务和软件业法人单位数	科学研究、技术服务和地质勘查业法人单位数	科技服务业法人单位数	第三产业法人单位数	科技服务业法人单位数占第三产业法人单位数百分比
2012	3 182	5 479	8 661	166 966	5.19%
2011	2 161	4 187	6 348	133 364	4.76%
2010	1 884	3 999	5 883	124 181	4.74%

资料来源：中国统计年鉴（2011~2016）。

科技大市场是技术商品交换的场地，亦是技术商品交换关系的总和。从技术商品的研究开发、到技术商品在市场上的买卖直至产品在社会上应用的整个过程，这是科学技术成果从科研领域转移到生产交换领域，转化为现实生产力的过程。如图3-1所示，从2010~2017年，江西省技术市场成交额从23.05亿元增长到96.2亿元，突破了90亿元，呈现逐年增长的趋势，技术市场发展态势良好。

图3-1 江西省技术市场成交额情况

资料来源：江西省统计局官网，经作者整理获得。

尽管近年来江西省的科技服务业有了长足进步，但江西省科技服务业的技术市场成交额与其他省份相比较差距悬殊。如表3-2所示，江西省技术市场成交额远远落后北京、上海和广东等发达省市，与中部其他地区相比也是处于落后状态。

表 3-2　　　　　2016 年全国及部分省市、直辖市科技
服务业技术市场成交额对比

地区	技术市场成交额（亿元）
全国	11 406.98
江西	79.01
山西	42.56
辽宁	323.22
江苏	635.64
山东	395.95
广东	758.17
陕西	802.79
北京	3 940.98
上海	780.99
天津	552.64

资料来源：中华人民共和国国家统计局官网，经作者整理获得。

由于江西省各地区社会环境差异较大，市场定位各有不同，经济发展基础和条件不等，导致各地区科技服务业的发展水平相差较大。通过查阅并整理往年的《江西省统计年鉴》数据可发现，江西省整体的科技力量、资金力量和创新力量等产业发展资源比较薄弱，且地区分布不均，如表 3-3 所示。无论是在科技活动人员和研发机构方面，还是在经费投入和专利申请等方面，江西省科技服务业的发展力量都主要集中在经济实力相对雄厚的南昌市、九江市和宜春市等少数几个城市，其他城市因产业发展的经济基础比较薄弱，产品的研发创新能力不强。

表3-3 2014年江西省各地区研发情况汇总

地区	科技活动人员（人）	R&D人员（人）	R&D内部经费支出（万元）	研发机构数（个）	专利申请受理量（件）	专利申请授权量（件）
全省	155 820	76 237	1 531 114	1 328	9 007	1 047
南昌市	66 015	35 007	594 059	457	4 003	820
景德镇市	9 706	5 420	145 064	67	378	63
萍乡市	4 317	1 789	21 879	68	308	6
九江市	13 955	5 061	72 980	116	694	32
新余市	9 071	4 115	86 462	50	297	1
鹰潭市	5 002	3 302	231 729	32	378	0
赣州市	12 542	5 903	103 270	129	668	52
吉安市	9 494	3 695	66 110	116	519	12
宜春市	12 895	5 874	108 406	152	913	3
抚州市	5 854	2 434	37 397	80	490	52
上饶市	6 968	3 638	63 757	61	359	6

资料来源：《江西省统计年鉴2015》。

3.1.4 江西省科技服务业与中部其他省份的对比分析

虽然各项数据表明，近年来江西省科技服务业发展迅速，但并不能说明其科技服务业整体实力突出，通过把江西省科技服务业的部分指标与中部其他兄弟省份进行对比分析，进而了解目前江西省科技服务业发展的整体情况。

1. 发展规模

从中部六省的科技服务业法人单位数量来看，与中部其余五省相比，近年来江西省科技服务业法人单位数的各个指标仅比山西省略高些许，但远远落后于其他四省。

如表3-4所示，湖北省作为中部地区的经济强省，2010~2015年均为中部六省中科技服务业法人单位数最多的省份，其余省份包括江西省在内的科技服务业法人单位数量也以稳定的速度逐年递增。其中，在2010~2012年，江西省在信息传输、计算机服务和软件业法人单位数和信息传输、计算机服务和软件业法人单位数均处于六省中的最后一名，直至2013年开始才反超山西省，排名第五，但与其他四省的差距仍然悬殊。2013年中部六省各省份的信息传输、计算机服务和软件业法人单位数都比2012年下降许多，其中河南省以28 919个科技服务业法人单位数量超过湖北省，排名第一，而江西省的排名虽略微上升，但只占河南省的32.65%。2014年，江西省科技服务业法人单位数为12 833个，比安徽省少了11 415个，除了比山西略高1 912个以外，与其他省份相比相差较大。2015年，江西省科技服务业法人单位数分别占安徽省的48.53%、河南省的33.68%、湖北省的33.07%、湖南省的65.26%，其中科学研究、技术服务和地质勘查业法人单位数处于六省中最低水平。

总体来看，近年来中部六省的科技服务业相关法人单位数量都呈逐年递增趋势，但江西省科技服务业法人单位数量递增的速度较慢，发展规模偏小，新兴产业及科技服务法人单位数量远不及中部其他省份，且差距较大。江西省科技服务业的发展规模亟待扩大，需要更多新兴优质型企业加入。

2. 投资力度

坚持创新驱动、提高自主创新能力是推动产业结合优化升级的重要支撑，而科研经费投入则是提高自主创新能力的物质保证。提高科研经费的投资力度，帮助工业企业扩大项目数量和规模，有利于推动科技服务业的长远发展。

如表3-5所示，2010~2012年，江西省规模以上工业企业R&D经费分别为73.68亿元、76.98亿元、92.60亿元，而安徽、河南、湖南、湖北四省均超过百亿元，并在2012年全部突破200亿元，并且山西省也在2012年突破百亿元，江西省规模以上工业企业R&D人员全时当量和规模以上工业企业R&D项目数指标在这三年均排名第五，与除山西外的四省相距甚远，不及它们的一半甚至1/3。

表 3-4　2010~2015 年我国中部六省科技服务业法人单位数

单位：个

	2015 年						
	江西	安徽	河南	湖北	湖南	山西	
信息传输、计算机服务和软件业法人单位数	6 905	13 734	11 964	19 146	8 401	5 915	
科学研究、技术服务和地质勘查业法人单位数	9 574	20 225	36 961	30 688	16 851	9 640	
科技服务业法人单位数	16 479	33 959	48 925	49 834	25 252	15 555	

	2014 年						
	江西	安徽	河南	湖北	湖南	山西	
信息传输、计算机服务和软件业法人单位数	4 287	8 843	6 306	10 810	5 984	2 955	
科学研究、技术服务和地质勘查业法人单位数	8 546	15 405	27 150	24 724	13 860	7 966	
科技服务业法人单位数	12 833	24 248	33 456	35 534	19 844	10 921	

	2013 年						
	江西	安徽	河南	湖北	湖南	山西	
信息传输、计算机服务和软件业法人单位数	2 506	6 130	4 809	7 728	5 672	1 744	
科学研究、技术服务和地质勘查业法人单位数	6 936	12 606	24 110	20 212	13 489	6 911	
科技服务业法人单位数	9 442	18 736	28 919	27 940	19 161	8 655	

	2012 年						
	江西	安徽	河南	湖北	湖南	山西	
信息传输、计算机服务和软件业法人单位数	3 182	7 572	6 434	9 085	10 525	3 691	
科学研究、技术服务和地质勘查业法人单位数	5 479	8 913	7 005	15 165	9 677	5 449	
科技服务业法人单位数	8 661	16 485	13 439	24 250	20 202	9 140	

	2011 年						
	江西	安徽	河南	湖北	湖南	山西	
信息传输、计算机服务和软件业法人单位数	2 161	6 149	5 462	7 334	8 872	2 632	
科学研究、技术服务和地质勘查业法人单位数	4 187	7 337	6 533	13 027	8 151	4 810	
科技服务业法人单位数	6 348	13 486	11 995	20 361	17 023	7 442	

	2010 年						
	江西	安徽	河南	湖北	湖南	山西	
信息传输、计算机服务和软件业法人单位数	1 884	5 499	5 266	7 071	8 381	2 770	
科学研究、技术服务和地质勘查业法人单位数	3 999	5 453	6 207	11 958	7 042	4 502	
科技服务业法人单位数	5 883	10 952	11 473	19 029	15 423	7 272	

资料来源：中国统计年鉴（2011~2016）。

表3-5　2010～2015年我国中部六省规模以上工业企业R&D活动情况

	2015年							2014年					
	江西	安徽	河南	湖北	湖南	山西	江西	安徽	河南	湖北	湖南	山西
规模以上工业企业R&D人员全时当量（人年）	31 321	96 791	131 051	86 813	83 821	28 927	28 803	95 287	134 256	91 456	77 428	35 775
规模以上工业企业R&D经费（亿元）	147.50	322.14	368.83	407.27	352.55	100.90	128.46	284.73	337.23	362.95	310.04	124.70
规模以上工业企业R&D项目数（项）	4 403	14 100	11 764	8 647	6 646	2 232	4 385	14 648	12 635	9 955	9 393	2 726

	2013年							2012年					
	江西	安徽	河南	湖北	湖南	山西	江西	安徽	河南	湖北	湖南	山西
规模以上工业企业R&D人员全时当量（人年）	29 519	86 000	125 091	85 826	73 558	34 024	23 877	73 356	102 846	77 087	69 784	31 542
规模以上工业企业R&D经费（亿元）	110.64	247.72	295.34	311.80	270.40	123.77	92.60	208.98	248.97	263.31	229.09	106.96
规模以上工业企业R&D项目数（项）	4 288	14 648	11 257	9 522	8 425	2 885	2 930	11 882	9 349	8 062	7 563	2 795

续表

	2011 年						2010 年					
	江西	安徽	河南	湖北	湖南	山西	江西	安徽	河南	湖北	湖南	山西
规模以上工业企业R&D人员全时当量（人年）	23 969	56 275	93 833	71 281	57 478	32 476	20 669	45 146	77 651	66 791	47 985	32 046
规模以上工业企业R&D经费（亿元）	76.98	162.83	213.72	210.76	181.78	89.59	73.68	124.06	178.91	164.78	145.90	73.94
规模以上工业企业R&D项目数（项）	2 608	8 426	8 415	7 077	6 928	2 348	2 730	6 379	7 734	6 699	6 366	2 198

资料来源：中国统计年鉴（2011～2016）。

2014年，江西省规模以上工业企业R&D人员全时当量为28 803人，占河南省的21.45%，规模以上工业企业R&D经费为128.46亿元，占湖北省的35%，规模以上工业企业R&D项目数为4 385个，占安徽省的29.94%。

2015年江西省规模以上工业企业R&D人员全时当量和R&D经费、项目数均排名第五，离前四个省份均有很大的差距。

科研经费的投入决定着科技服务工作人员数量和经营的项目数量。近年来中部六省不断加强对产业的经济支持，江西省科技服务业的科研经费投资力度和研究项目数虽然呈直线上升趋势，但投资力度不大，仍需进一步加强，充分发挥金融作用，为科技创新奠定坚实的经济基础。

3. 人力资源

人力资源是科技服务业发展壮大的表现之一，同时也是限制科技服务业发展的重要因素之一。

如表3－6所示，2010~2015年这六年，江西省科技服务业的从业人员数量在中部六省一直处于垫底位置。安徽、河南、湖北、湖南、山西的科技服务业从业人员2010~2014年五年的年平均增长率分别为12.74%、12.33%、13.86%、10.06%、6.16%，而江西省科技服务业从业人员数量从2010年的8.4万人增长到2014年的12.69万人，这5年的年平均增长率为10.87%，仅比湖南和山西的增长速率稍快，但在2015年，江西省科技服务业的从业人员数量却从12.69万人下降到12.41万人，再次与其余五省拉开差距。

从科技服务业就业人数占第三产业就业人数百分比的指标来看，江西省一直处于中部六省的中下游，在2010年和2013年分别以5.06%和5.99%居于六省第三，2012年和2014年分别以6.04%和5.29%居于六省第四，2011年和2015年分别以4.99%和5.54%居于六省第五，而湖北省则以绝对的优势处于六省第一，其他省份排名交替上升，差距不大。

表 3-6　2010~2015 年我国中部六省科技服务业从业人员数量　　　　　　　　　　单位：万人

	2015 年						2014 年					
	江西	安徽	河南	湖北	湖南	山西	江西	安徽	河南	湖北	湖南	山西
科技服务业城镇就业人数	12.41	16.82	27.58	27.75	18.78	13.06	12.69	16.96	26.11	25.71	20.54	12.83
第三产业就业人数	224.11	258.43	514.7	351.82	321.16	232.67	210.12	255.34	495.22	335.65	327.97	235.02
科技服务业就业人数占第三产业就业人数百分比	5.54%	6.51%	5.36%	7.89%	5.85%	5.61%	6.04%	6.64%	5.27%	7.66%	6.26%	5.46%
	2013 年						2012 年					
	江西	安徽	河南	湖北	湖南	山西	江西	安徽	河南	湖北	湖南	山西
科技服务业城镇就业人数	12.02	14.54	24.28	24.22	19.67	12.98	9.77	12.76	19.46	19.11	16.52	11.19
第三产业就业人数	200.72	249.57	481.5	329.08	324.94	235.76	184.86	226.08	446.02	300.48	311.43	222.72
科技服务业就业人数占第三产业就业人数百分比	5.99%	5.83%	5.04%	7.36%	6.05%	5.51%	5.29%	5.64%	4.36%	6.36%	5.30%	5.02%

续表

	2011年					2010年				
	江西	安徽	河南	湖北	湖南	山西	江西	安徽	河南	湖北	湖南	山西
科技服务业城镇就业人数	8.74	11.92	18.12	17.25	15.34	11.01	8.40	10.50	16.40	15.30	14.00	10.10
第三产业就业人数	177.02	217.85	436.8	274.52	300.01	215.08	165.90	207.00	418.20	263.70	291.10	207.40
科技服务业占第三产业就业人数百分比	4.99%	5.47%	4.15%	6.28%	5.11%	5.12%	5.06%	5.07%	3.92%	5.80%	4.81%	4.87%

资料来源：中国统计年鉴（2011~2016）。

总体来说，江西省科技服务业就业人数的绝对值与其余各省还是有较大差距，在第三产业就业人数中所占的比例偏低。后期仍需要更多的科技工作者加入科技服务行业中，为江西省科技服务业的发展提供坚实的人才基础。

3.2 江西省科技服务业发展 SWOT 分析

纵观江西省科技服务业历年发展概况，虽然该省科技服务业的发展已取得一定成绩，但与北京、浙江和江苏等一些较为发达省市的差距较大，相较于中部其他兄弟省份也是处于落后状态，产业发展的道路艰辛且漫长。为使江西省科技服务业能够以稳健的态势较快发展，在促进该省科技创新中发挥更大作用，必须从各方面剖析江西省科技服务业发展所处的大环境，进行系统的战略分析，明确发展目标，根据变化发展的环境来制定并实施有效的发展战略。

3.2.1 江西省科技服务业发展外部环境

1. 优势条件

（1）科技服务业是国家和区域创新体系重要的组成部分，从中央到地方各级政府都逐步认识到发展科技服务业的重要性和紧迫性，因地制宜推出各种政策以保障科技服务业良性发展。

近几年，国家和江西省政府出台了多项鼓励科技服务业发展的政策法规。2014 年 8 月 19 日，国务院总理李克强主持召开国务院常务会议，会议上提出了《国务院关于加快科技服务业发展的若干意见》。《国务院关于加快科技服务业发展的若干意见》指出，开展科技服务业区域和行业试点示范，打造一批特色鲜明、功能完善、布局合理的科技服务业集聚区，形成一批具有国际竞争力的科技服务业集群。与此同时，商务部也对外发表公告称将实施商业科技专项,对前沿关键领域和具有行业共用性的重大技术专项,商务部将给予财政资金支持。此项举措旨在完善财政、税收扶持政策,鼓励商业企业科技投入。江西省政府也颁布了《江西省科技创新促进条例》《江西省技术市场管理条例》《江西省科学技术奖励办法》及《江西省鼓励科技人员创新创业的若干规定》等政策法规来鼓励科技产业的发展,在社会上形成科技创新的浓厚氛围。

(2) 省会城市南昌经济快速发展,科技服务业的市场需求逐渐旺盛。

随着科技创新意识的增强和科技创新活动的深入开展,技术创新服务的市场需求日益迫切,这为科技服务业发展带来了重大的历史机遇。坚实的经济基础为科技服务业创造了良好的市场需求。南昌市作为江西的省会城市,近年来经济发展水平较快。据统计,2017年南昌地区生产总值突破5 000亿,地区生产总值增长约9.0%,人均生产总值为6 690美元,城镇居民与农村居民人均可支配收入增长幅度分别为8.8%和9.1%[①]。南昌市正以平稳较快的速度往更高方向发展,城乡人民生活水平和城市整体经济实力显著提高。良好的经济发展势头为科技服务业的迅猛发展奠定了坚实的物质基础。

(3) 江西省科技综合实力逐年增强,科技投入产出效益逐年增加。

基于科技服务机构以专业知识、专业技能和科学信息为基础,决定了其业务内容、服务水平和发展走向是受所处环境的科技综合实力影响。在科技成果产业化进程中,科技综合实力占据了关键地位,而科技综合实力强弱的效果则通过科技投入产出效益大小来反映。专利申请与授权量的大小直接反映了该地区的科学技术整体实力。2015年,全省规模以上互联网相关、科技创新等现代服务业实现营业收入213.91亿元,同比增长20.9%,签订技术合同1 136项,江西省整体科技综合实力不

---

① 资料来源于中国日报网《2017年南昌GDP突破5000亿》(2018-01-26)。

断见长①。如图 3-2 所示,自 2007 年开始,江西省国内专利受理量逐年上升,其中实用新型专利申请量增长速度较快,2016 年全年受理专利申请已达到 360 494 件,专利申请授权 31 472 件。

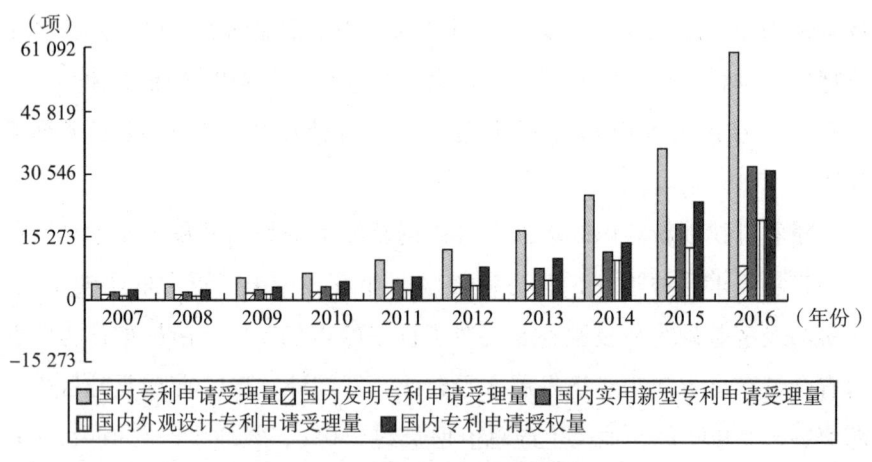

图 3-2 江西省专利申请受理量

资料来源:中华人民共和国统计局网站,经作者整理获得。

2. "瓶颈"制约

(1) 政府的政策引导力不足。

科技服务业在我国是一个新兴产业,国家和政府的政策引导是非常重要的。目前,江西省对各类科技服务业机构并没有进行相对准确的定位,科技产业也没有进行合理有序的规划布局。如前面表 3-3 所示,由于江西省政府对省内科技服务业的发展引导力度不够,没有一套完善的能够促进该产业发展的政策体系,且把产业发展中心都集中在经济较为发达的几个城市,导致江西省各城市研发水平相差较大,科技服务业地域发展严重不平衡。现阶段我国市场经济发展得不够成熟,市场上对各类创新需求有待进一步激发。因此,政府对如何正确引导科技服务业

---

① 资料来源于《2015 年江西省政府工作报告》。

的发展正处于一个探索阶段,缺乏足够经验,政策法律法规的覆盖面不够广,缺乏一些切合实际、可行性比较强的政策支持与激励。

(2) 发展科技服务业的制度文化环境需加强培育。

在现代市场经济条件下,制度文化环境对科技服务业的影响是深刻的。由于受传统思想的束缚,相当多的企业在发展过程中缺乏创新思维,墨守成规,导致江西省科技服务业发展步伐缓慢。再者,江西省的产业发展一直都以农业和工业为主,现代服务业的规模比较小,科技服务业在现代服务业中所占比例更小,很多企业都没有意识到科技服务产业链上的科技高价值,对科技服务业没有足够的重视。

(3) 资金投入不足。

充足的资金是产业和企业发展强有力的催化剂之一。目前由于科技服务业本身具有一定的非营利性,融资渠道有限,加上政府对这方面的资金投入有限,社会上民营投资的科技服务机构又比较少,科技服务等基础设施设备都比较薄弱,因此资金问题所产生的较差的软件和硬件环境条件都限制了江西省科技服务业的发展。在 2010~2015 年,江西省政府公共财政预算总支出在不断上涨,在科学技术这一领域所投入的财政资金也呈现逐年增长趋势,但增长比例较为缓慢。如图 3-3 所示,科学技术所占的财政总支出比重较小,每年几乎是以 0.2% 的比例来增长的,这对具有高科技高智力的科技服务业来说是远远不够的,资金不足严重影响着该产业的发展。

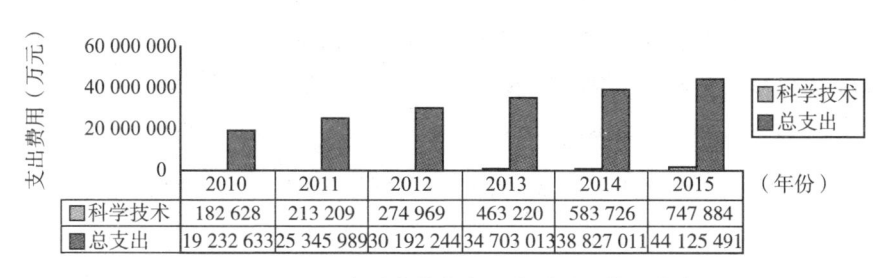

支出费用(万元)	2010	2011	2012	2013	2014	2015
科学技术	182 628	213 209	274 969	463 220	583 726	747 884
总支出	19 232 633	25 345 989	30 192 244	34 703 013	38 827 011	44 125 491

图 3-3 江西省科学技术占公共财政预算总支出

资料来源:《江西统计年鉴 2016》,经作者整理获得。

3.2.2 江西省科技服务业发展内部环境

1. 优势条件

（1）江西省政府越来越重视科技服务业的发展。

2016年3月7日，科技部办公厅公布第二批科技服务业区域试点单位名单，确定贵阳高新区等40家高新区为第二批科技服务业区域试点承担单位，南昌高新区成为江西省唯一一家科技服务业区域试点单位。南昌高新区的获批，突破了江西省科技服务业区域试点单位"零"的瓶颈，为我省科技服务业的发展壮大提供了有力支撑。江西省在高新技术产业中始终牢牢把握"稳中求进"的总基调，大力实施创新驱动战略，以高新技术产业开发区和高新技术产业基地为重要载体，实现了平稳较快发展，为全省经济社会发展和产业转型升级提供了坚实的平台。在2011~2015年期间，江西省政府投入实施了一批科技服务业重大项目，立项支持了"昌东经贸公司南昌电子信息（LED）产业创新示范园项目""瑞金经济技术开发区创新创业孵化园建设项目"等多个项目的发展，促进整个江西省宏观效益的增加。到2017年年底，江西省共有2 134家高新技术企业。

（2）已有一批比较有实力的具有规模的科技服务机构奠定基础。

江西省科技服务业经过十几年的发展，在政府和企业及科研机构的共同努力下，江西省已建立了一批比较有实力的具有一定规模的科技服务机构。如江西省南昌高新产业园区，基于优势的科技服务人才资源、较强的科技创新服务基础，已形成以"研究开发、技术转移、检验检测认证、创业孵化、知识产权、科技咨询、科技金融"为总体框架，以"技术研发—工业设计—技术转移—产学研—专业配套—科技金融"为服务链条，体系健全、功能完备的高新区科技服务产业体系。江西省各级生产力促进中心在提供服务的同时，不断结合区域特点开拓一些特色和服务，为科技服务机构发展奠定基础。截至2016年底，国家级生产力促进中心 6 家，省级生产力促进中心 144 家。江西省生产力促进中心围绕江西省科技工作重点，成功建立专利成果孵化平台。依托行业技术专家和高校技术队伍，为企业提供新产品开发、专利技术孵化、技术方案及工业设计等服务，和南昌大学、江西财经大学等建立了良好的产学研合作关系。

（3）服务机构不断转换观念，政府积极进行体制改革。

科技服务业的内涵和外延随着社会经济的变化而发展，一切都处于更新换代的节奏中。随着国际科技创新潮流的趋势加强，近年来江西省政府和各科技服务机构也意识到，要想快速、稳定的发展科技服务业，就必须与时俱进，接受新观念、新思想，不断开拓创新，积极进取。各服务机构加强与其他科技型企业和科研院所及高校的合作交流，进行创新技术与思想的碰撞，催生新技术与新业态的出现。同时，江西省科技服务产业的管理体制和运行机制正在逐渐向科学化迈进，政府相关部门也逐步认清到自己的角色，在职能范围内有效行使行政权力，尽量避免出现行为"缺位"和角色"错位"等现象。

2. "瓶颈"制约

（1）科技中介服务机构规模小，专业化程度低。

科技中介服务机构的服务能力取决于其规模、专业化程度，科技中介服务机构正成为国家和地区新的经济增长点。但江西省科技服务中介机构在数量和质量上仍处于起步阶段，且科技中介服务机构分布较散，多为中小型企业，还没有形成一定的规模，产业发展没有产生集聚效应。同时，基于机构自身能力和创新技术的限制，而且很多机构向社会提供的科技产品或服务都处于较低层次，技术含量不高，产品的附加值较低，很多科技中介本身的一些专业化和技术化服务没有完全体现出来。

（2）从业人员学历结构层次相对较低，地区缺乏对高技术人才的吸引力。

人才的竞争是市场竞争中最基本也是最重要的竞争因素之一，科技服务机构人才队伍的建设决定了机构发展的前景和方向，也决定了机构的服务质量。目前，江西省的科技中介机构普遍缺少既懂技术又懂市场、营销和管理等专业的高层次的综合性人才，从事科技服务业的人员中拥有本科及本科以上学历的人数较少，学历结构层次相对较低。如图3-4所示为近几年江西省科技服务业从业人员数量和拥有大学本科及以上学历的从业人员数量情况，如图所示，虽然从事科技服务业的人数整体呈上升趋势，但拥有高学历的工作人员数量比重仍然较低，在2013年有下降趋势，2014年再反弹上升。此外，江西省属于中部地区，经济欠发达，工资待遇等相对较低，对高层次科技服务人才的吸引力和集聚力不足，人才难求也难留。

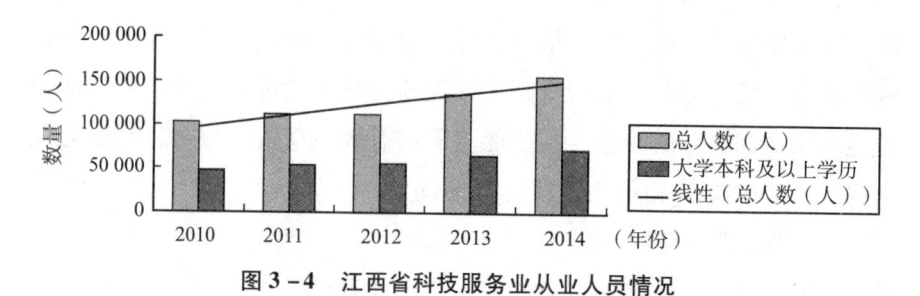

图3-4 江西省科技服务业从业人员情况

资料来源：江西省统计局网站，经作者整理获得。

（3）对创新的投入不足，创新能力不强。

创新是科技服务业发展的原始动力。一个企业要发展，就要不断推陈出新，进行业务创新、组织创新、管理创新、设备创新、产品创新和服务创新等。江西省科技服务机构对自身创新的重要性认识不足，加之企业本身资金有限，融资渠道单一，企业内部创新投入力度严重不足，影响科技服务业创新的进步与发展。而且，大多数科技服务机构只会单纯地引进技术，对技术引进后的消化吸收和再创新能力并没有本质提高，不能结合本区域经济发展需求，提供特色化知识含量高的科技服务。

3.2.3 江西省科技服务业 SWOT 分析

SWOT 战略环境分析方法是将产业发展外部战略环境中的机会和威胁与内部战略环境中的优势和劣势相结合，对此做出更加深刻的分析评价。如表 3-7 所示，针对其描述的江西省科技服务业战略发展 SWOT 矩阵，我们可以深入研究江西省科技服务业的发展环境。

表 3-7 　　　　　　江西省科技服务业 SWOT 矩阵分析

	威胁（T）	机会（O）
外部战略 发展环境	1. 政府的政策引导力不足 2. 发展科技服务业的制度文化环境需加强培育 3. 投入资金不足	1. 从中央到地方各级政府都逐步认识到科技服务业发展的重要性和紧迫性，因地制宜的推出各种政策以保障科技服务业的良性发展 2. 省会城市南昌市经济快速发展，科技服务业的市场需求逐渐旺盛 3. 江西省科技综合实力逐年增强，科技投入产出效益逐年增加
	优势（S）	劣势（W）
内部战略 发展环境	1. 江西省政府对科技服务业的发展重视程度逐年增加 2. 已有一批较有实力和规模的科技服务机构作发展先锋 3. 服务机构不断转换观念，政府积极进行体制改革	1. 科技中介服务机构规模小，专业化程度低 2. 行业人员学历结构层次不高，地区对高技术人才的吸引力不够 3. 对创新的投入不足，创新能力不强

一方面，我们可以充分发挥江西省科技服务业内部发展环境的优势，把握科技服务业发展的外部机会，进一步改善江西省科技服务业发展环境。随着"科技兴国"战略的实施深化，江西省政府对科技服务业的重视程度逐年增加。经过多年的发展，江西省已形成一批较为具有实力的科技服务机构。面对江西省科技服务业未来的发展机会，结合国家大力推行的产业发展战略，积极制定并有效实施具有江西省本土特征的

区域性发展政策，采取相应措施不断激发经济市场的科技需求。同时依托科技综合实力较强的科技服务企业，加强自主创新，提高江西省科技服务业的投入产出效益。

另一方面，要努力扭转江西省科技服务业内部环境劣势，规避外部环境的威胁，进一步保障科技服务业的快速发展。江西省政府要加强政策引导力，建立科技服务市场准则并规范市场秩序，努力培育一个可以促进科技服务产业发展的良好制度文化环境，在全社会中形成鼓励科技创新、宽容失败的浓厚文化氛围。同时，引导科技投资多元化发展，充分利用政府和市场两只手共同解决科技服务业的融资和担保等金融问题，加大对科技创新的投入，积极引进并留住具有高学历、高技术的科技人才，为提高科技服务机构的专业化水平务实基础。

江西省科技服务业的发展处于一个动态的多变的发展环境中，受到多种因素影响。需要持续把握江西省科技服务业的最新发展状况，认真分析产业战略发展环境，为后期研究江西省科技服务业的发展模式及策略做好充足准备。

3.3 江西省科技服务业发展影响因素

3.3.1 江西省科技服务业发展综合评价指标体系

评价一个地区科技成果转化效果的大小，是根据当地科技服务业的发展环境、投入情况与产出情况综合比较来确定的。为使本书所建立的评价指标具有科学性、可操作性，同时兼顾全面性与系统性，能够解释多元线性回归的诸多变量，本书建立的综合评价指标体系所选取的因素主要考虑了以下三个方面：

（1）在科技服务业研究领域，众多学者利用层次分析法、主成分析法等方法对科技服务业发展水平评价进行了研究,并认为发展潜力、主体实力、发展环境、资金投入量、设施资源利用率和专利获得率等是影响科技服务业发展水平的重要因素。

(2) 近年来江西省 GDP 增长速度较快,第三产业占国民经济比重越来越大,科技服务业作为第三产业的主要成员之一,其中技术市场交易额直接推动了第三产业的发展。近年来政府积极推进科技成果转化建设,公共支出逐步向科研方面倾斜,在社会大环境的影响下,与科技服务业相关的各项成本投入和成果支出的相互作用共同推动江西省科技服务业的发展。

(3) 查阅近年来江西省政府为推动科技服务业发展所颁布的政策和市场制度表明,政策强有力地推动了江西省创新科技企业和高科技产业园等一些科技服务业的市场发展;通过对南昌高新技术开发区的实地调查研究发现,相较于我省其他产业园区,南昌高新区凭借自身较具优势的创新服务人才资源和科技服务基础,已形成了体系健全、功能完备的高新区科技服务产业体系。

因此,本书认为江西省科技服务业产业发展水平与该产业的发展环境、投入与产出有关,可以从地区科技服务业发展环境、科技投入情况和科技产出情况等三个维度构建江西省科技服务业发展综合指标体系。主要评价指标如表 3-8 所示。

表 3-8　　　　江西省科技服务业发展综合评价指标体系

一级指标	二级指标	三级指标	单位
地区科技服务业发展因素	科技服务业发展环境	第三产业增加额占地区生产总值比重	%
		科学技术支出占公共财政预算的总支出比重	%
	科技服务业投入情况	研发机构数量	个
		科技服务活动人员数量	万人
	科技服务业产出情况	科技市场交易额	亿元
		专利申请数量	件

3.3.2 江西省科技服务业发展影响因素实证研究

基于政策理论的指导，根据所建立的江西省科技服务业发展水平评价指标体系，同时联系江西省科技服务业实际发展情况，故在确定科技服务业发展水平影响因子时应充分考虑资金和人员等各种资源等要素。

由于江西省经济发展较为缓慢，产业转型受到资金、技术、土地等相关条件限制，第三产业在国民生产总值中所占比例较小，根据该省实际发展情况，先拟定影响科技服务业发展因素有：科学技术支出占公共财政预算的总支出比重、科技活动人员数量、省技术市场成交额、研发机构数量、第三产业生产总值占 GDP 比重和专利申请数量等六个因子。通过对江西省科技服务业及影响因素的初步定性分析后假设，科技服务业占第三产业比重与六个变量之间存在多元线性关系，可以把影响江西科技服务业发展因素的线性回归模型初步设定为：

$$Y = C + \beta_1 X_1 + \beta_2 X_2 + \beta_3 X_3 + \beta_4 X_4 + \beta_5 X_5 + \beta_6 X_6 \quad (3-1)$$

在模型中，设 Y 表示科技服务业占第三产业比重（%），C 为常数项，与其他变量无关，X_1、X_2、X_3、X_4、X_5、X_6 分别代表科学技术支出占省公共财政支出比重（%）、科技服务活动人员数量（万人）、江西技术市场成交额（亿元）、研发机构数量（个）、第三产业生产总值占地区生产总值比重（%）和专利申请数量（件）。

运用 SPSS17.0 对之前拟定的几个因变量进行数据分析，发现在该模拟的多元线性回归方程中，研发机构数量（个）、第三产业生产总值占地区生产总值比重（%）和专利申请数量（件）这三个因素的 R_i^2 较大，导致该方程出现了多重共线性。为保留多元线性方程中最主要的自变量因子，将影响方程式的这三个因素剔除。

基于江西省科技服务业的本土发展情况，以江西技术市场成交额及其重要因素的时间序列数据为样本，对江西科技服务业发展环境、投入和产出情况中的三个关键因素进行了分析，认为此三个因素是影响我省科技服务业发展的关键指标。

在模型中，设 Y 表示科技服务业占第三产业比重（%），C 为常数项，与其他变量无关，X_1、X_2、X_3 分别代表科技服务支出占省公共财政支出比重（%）、科技服务活动人员数量（万人）、江西技术市场成交额（亿元）。故多元线性回归方程模型调整为：

$$Y = C + \beta_1 X_1 + \beta_2 X_2 + \beta_3 X_3 \qquad (3-2)$$

由于自身地理位置、发展环境和产业资金投入等条件的限制，江西省经济基础薄弱，第三产业发展相对于中国其他省市较为落后，加之政策上引导力不足，该省科技服务业的发展起步晚发展慢，故在搜集资料时缺失2010年之前的相关产业发展数据。目前只能根据对中国统计年鉴、中国统计局官网和江西省历年统计年鉴所搜集到的五年相关数据进行整理分析。江西省历年的技术市场成交额情况等相关情况详如表3-9所示。

表3-9　　　　江西省科技服务业主要影响因素数据表

年份	X_1：科学技术支出占公共财政预算的总支出比重（%）	X_2：科技活动人员数量（万人）	X_3：江西技术市场成交额（亿元）	Y：科技服务业占第三产业比重（%）
2010	0.95	10.3	23.05	16.5
2011	0.84	11.2	34.19	16.7
2012	0.91	11.2	39.78	16.9
2013	1.33	13.5	43.06	17.6
2014	1.5	15.6	50.76	18.3

为避免式（3-2）中的指标出现变异情况，采用逐步筛选方法进行多元回归，直到所有的变量都满足显著性要求。利用SPSS17.0对以上数据进行处理分析，可得出江西省技术市场成交额的线性回归模

型为：

$$Y = 13.67 + 0.923X_1 + 0.147X_2 + 0.018X_3 \quad (3-3)$$

如表 3 – 10 所示，在 0.05 的显著性水平下，t 通过了显著性检验，拟合判决系数 $R^2 = 0.999$，调整后的 $R^2 = 0.995$，说明所选的三个变量对因变量的解释较高，该方程模型拟合效果较好。F = 243.037，Sig. < 0.05，说明在 5% 的显著性水平下，三个自变量整体对 Y 有较为显著的线性影响，回归方程总体上呈现着线性关系。

表 3 – 10　　　　　　　　拟合优度检验[b]

模型	R	R 平方	调整后 R 平方	标准估计错误	D. W. 值
1	0.999[a]	0.999	0.995	0.05489	3.148

a. 预测值：（常数），X_3：江西技术市场成交额（亿元），X_2：科技活动人员数量（万人），X_1：科学技术支出占公共财政预算的总支出比重（%）
b. 因变量：Y：科技服务业占第三产业比重（%）

相关系数检验：$r(x_1, y) = 0.9543$，$r(x_2, y) = 0.9954$，$r(x_3, y) = 0.9075$，说明这三个自变量与因变量有很大的相关性。利用残差图形检验异方差，如图 3 – 5 所示，残差分布较散且毫无规律，未出现随着 Y 的增大而增大或者减少的趋势，可以判断出模型不存在异方差现象。

通过以上利用 SPSS17.0 进行的数据检测和分析，此模型是可以成立的，但是因江西省地理位置及经济发展水平等诸多原因，该省的科技服务业发展较为缓慢，各项制度设施等都不完善，故所获取的样本数据较少。因此在分析时该回归模型的容忍度 R^2 接近 1，而 VIF 值较大，在剔除之前拟定的三个因素之后进行分析的过程中还是出现了部分多重共线性现象，后期有待完善数据、增加样本容量以减轻多重共线性对回归方程的影响。

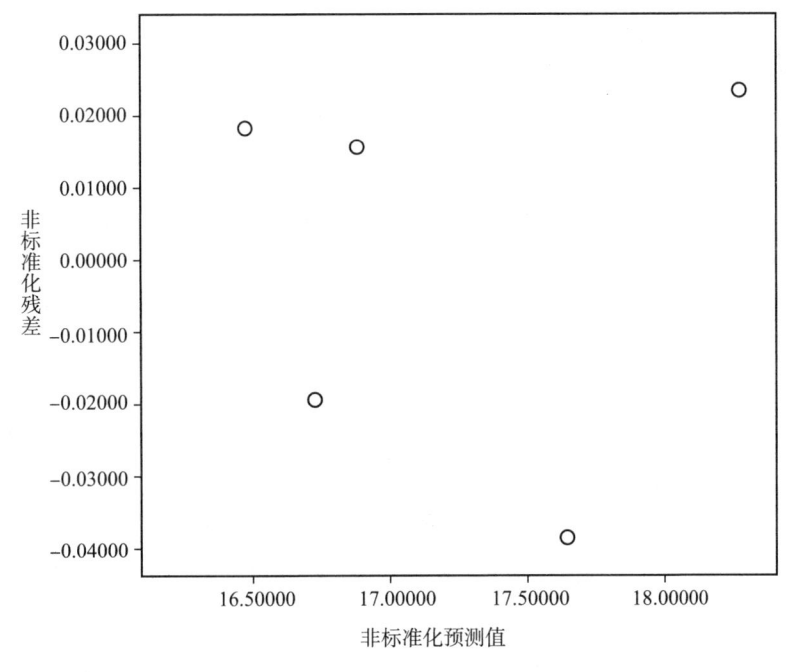

图 3-5 残差图

3.3.3 实证研究结果

通过对江西省科技服务业发展影响因素进行实证分析发现：

（1）政府行为对科技服务业的发展影响较大。在政府财政支出中，科学技术费用支出每增加1%，科技服务业占第三产业的比重就增加0.923%，说明产业的发展受政府推动与政策有很大关系，政府对科技服务业投入的力度越大，所创造的效益就越高。目前中国市场经济仍不完善，政府要推动大环境发展，规范各项市场制度，为科技服务业的发展营造良好的环境[①]。与此同时，地区经济发展对政府财政费用的支出有很大程度的影响，平稳较快的GDP发展有助于政府财政支出向科技产

---

① 李晓峰，王双双. 中心城区科技服务业SWOT分析及发展策略研究［J］. 科技管理研究，2005（9）：61-63，75.

业方向倾斜。与广东、上海、湖北和江苏等全国大多数省市相比,江西省经济发展较为落后,财政支出比例也远远落后于其他省市,不利于本省科技服务业的发展。为此,应及时认识到加快省内经济发展速度提高经济发展水平,为政府鼓励科技服务业发展的资金投入保驾护航。

(2) 人力资源是一切产业活动最根本最有效的基础性资源。科技活动人员每增加1万人,科技服务业占第三产业的比重就会增加0.147%,这充分说明了科学技术人才与科技服务业发展的密切关系,具有高知识性特点的科技服务业必然需要人才作为基础。在北京、上海、江苏等地都建有与各大高校、研究所进行产学研合作的聚集型高科技产业园区,在科技产品研究开发的过程中培育了一大批创新型人才,同时优越的社会环境也吸引着全国各地乃至世界的高科技人才。相较于这些省市的科技活动人员,江西省在这方面的活动人员数量和质量都需要提高。

(3) 科技水平是科技服务业发展的基本要求。虽然在该回归模型中相对于其他两个因素,技术市场成交额对科技服务业发展的影响较小,但却是必不可少的。根据实证研究,江西省技术市场成交额每增加1亿元,科技服务业占第三产业的比重就增加0.018%。而科技水平的高低是影响技术市场成交额大小的直接因素。目前江西省乃至全国的科技创新能力都有待提升,技术市场交易水平、科技研发能力、科技服务市场交易总额等都需要不断提升。

3.4 本章小结

本章首先通过实地调研和查阅统计年鉴等方式,从科技服务业发展基础、科技服务各细分业态发展情况等方面对江西省科技服务业整体发展现状进行了分析,并从发展规模、投资力度和人力资源等维度与中部其他省份进行了对比分析,分析结果表明江西省科技服务产业的发展虽然势头强劲、成果突出,但仍处于落后状态,与国内其他兄弟省市相比差距较大。其次，从产业发展的内外部环境对江西省科技服务业发展现状进行了 SWOT 分析，总结了江西省科技服务业在发展过程中的优势条件和瓶颈制约。最后，从地区科技服务业发展环境、科技投入及产出情况等三个维度构建了江西省科技服务业发展水平综合评价体系，并借助 SPSS17.0 统计软件构建了多元线性回归方程，对江西省科技服务业发展影响因素进行了实证研究，研究发现政府行为、创新人力资源和科技水平是影响该产业发展水平的主要因素。

第 4 章

科技服务业发展机理

通过前一章对江西省科技服务业发展现状的分析，发现该产业在发展过程中存在着诸多现实问题。为推动江西省科技服务业更好更快发展，形成产业发展规模效应，推进我省经济发展提质增效，有必要对科技服务业发展机理进行深入研究。本章将研究科技服务业的内涵、特征及系统构成要素，界定科技服务业细分业态的各项功能，分析科技服务业各细分业态间的互动关系、与重点产业之间的耦合关系及宏观外部环境对科技服务业的支撑影响等，基于"互动—耦合—支撑"视角来探索科技服务业的内在发展规律和运行机理。

4.1 科技服务业的内涵、特征及构成要素

4.1.1 科技服务业的内涵

目前关于科技服务业的定义，学术界和实业界还没有统一的标准。在国外，科技服务业被称为"知识服务业"或"知识密集型产业"，所

以很多学者将研究目标集中在知识服务业领域。学者丹尼尔·贝尔（Daniel Bell）于1974年在其著作《后工业社会的来临》一书中最先提出来"知识密集型服务业"这一概念，丹尼尔·贝尔认为随着理论知识的中心地位不断突出，科学与技术之间出现了一种新型关系，这种关系使得社会重心逐渐转向知识领域，进而催生出了知识服务业这一新行业。同样地，埃尔托赫（Hertog）认为知识密集型服务业是主要依靠具有某领域专业知识的公司或其他机构为用户提供以知识为基础的中间产品或服务的行业。

在我国，原国家科学技术委员会于1992年发布的《关于加快发展科技咨询、科技信息和技术服务业的意见》中首次出现了"科技服务业"一词。《关于加快发展科技咨询、科技信息和技术服务业的意见》中将科技咨询业、科技信息业和技术服务业三者统称为科技服务业。我国于2005年开始将科技服务业纳入统计口径，并将其列入了国民经济行业分类与代码（GB/T 4754－2002）中的M门类中的75、76、77、78四个大类，对应类目分别是研究与试验发展、专业技术服务业、科技交流和推广服务业、地质勘查业。但这些只是说明了科技服务业所包含的行业，并没有对科技服务业的概念进行一个准确的定义。目前，实业界对科技服务业的共识是：科技服务业属于第三产业范畴，是第三产业的一个分支行业，它是以技术和知识向社会提供服务的产业，其服务手段是技术和知识，服务对象是社会各行业。国内学者也从不同角度对科技服务业的内涵进行了界定。如程梅青、杨冬梅等学者从科技服务功能角度出发，认为科技服务业是为促进科技进步和提升科技管理水平提供各种服务的所有组织或机构的总和。王永顺学者站在科技服务方式的角度上指出，科技服务业是依托科学技术和其他专业知识向社会提供服务的新兴行业。从整体上来说，国内外学者对科技服务业内涵的诠释各有千秋，但仍缺乏官方的、具体的、完整的科技服务业的定义。

借鉴现有的关于科技服务业的概念界定，本书认为：科技服务业是在国家实施创新驱动发展战略和加快国家创新体系建设的背景下，将科技创新与经济发展相结合,为社会提供专业知识、高级人才、现代技术和科学信息等智力服务的新兴产业。科技服务业的实质是将创新资源整合、创新要素集聚,并服务于科技创新链上的各项科技创新活动,通过科技成果转化来满足全社会的科技创新需求,其核心思想是"创新资源集聚整合,服务要素互动耦合,科技经济联动共生",其最终目标是推进科技经济深度融合,全面提升全社会的科技创新能力。

4.1.2 科技服务业的特征

科技服务业作为知识密集型的新兴服务产业,定位于科技知识和技术信息的收集、整理、归纳、提取、创造和传递等,是为科技成果转化和技术创新提供科技服务的参与者。现有研究成果表明,科技服务业具有以下基本特征[62]:

(1) 专业性。科技服务业的服务对象贯穿于社会各行业,不同的服务对象对于其技术专业的要求各不相同。无论是单一的科学服务还是综合的科学服务,科技服务业的各主体都具有专业的技术、研究方法和创新手段来支撑各类科学技术活动的开展[63]。

(2) 知识密集性。相较于其他服务业而言,科技服务业发展的第一资源是人力资源,第一要素是知识要素,其经济收益主要来源于从业人员的智力劳动。以知识和技术为特征的科技服务业要求从业人员具有更高更深的知识结构和水平来推动产业健康有序的运行与壮大[64]。

(3) 高附加值性。科技服务业提供的专业化产品或服务均以智力资源和技术资源为主,高技术含量会带来高效益的增长。作为现代服务业的新业态,科技服务业具有独立的产业特性,能够为社会创造较高的经济财富。据不完全统计,一般发达国家科技服务业占其 GDP 的 3% ~ 5%,甚至更多①。

---

① 杨龙塾. 我国科技服务业发展问题与对策研究 [D]. 青岛:中国海洋大学,2010.

（4）辐射带动性。科技服务业作为聚集创新资源的基础载体，催生的创新成果不仅对科技服务业自身发展有促进作用，同时也服务了科技创新链上所关联的其他产业，有效带动了生产要素、市场主体和全社会科技创新的发展，促进了科技创新与产业融合[66]。

此外，以科技服务产业链为基础，从科技服务系统的构成要素来看，本书认为科技服务业还存在以下三个方面的典型特征：

（1）互动性。科技服务业可细分为研究开发、技术检验认证、技术转移和科技金融等不同的业态，各细分业态之间既分工独立，又彼此交互，存在着很强的互动关系。以研究开发和技术检验认证为例，两者的互动关系表现为：虽然研究开发主要负责产品的研究与发展、提供知识成果和技术服务，但同时又为产品的检测提供技术和人才保障，技术检验认证则主要负责行业内产品质量评定与检测，对研发出来的新产品进行检验评定，以判断是否符合相关标准。两者相辅相成，为科技成果的前期推广奠定基础。科技金融服务机构以满足科技服务企业在发展过程中的资金需求为主要目标，帮助科技创新链上的研究开发、技术推广和创业孵化等科技业态的金融风险降低；研究开发和技术推广的科技产品为科技金融提供融资基础，增强科技金融机构的融资能力，创业孵化业态则给科技金融创造投融资服务的实验基地，帮助建立孵化器金融投资体系。科技服务业各细分业态间相互配合，彼此依赖。

（2）耦合性。科技服务业是直接或间接为各类产业创新提供各类科技服务的服务性产业，具有产业依赖和产业支撑的双重特性。一方面，产业的市场创新需求是科技服务业发展的根本动力，科技服务业为产业创新提供技术、信息、咨询等专业科学服务，以推动产业结构优化及转型；另一方面，产业的升级创新又反过来为科技创新提供了更多的灵感与方向，促进科技服务业的快速发展。目前，科技服务业各细分业态正逐步渗透到各产业链环节中，上下游部分关联产业的劳动力、工作时间、实验基地和设备等基础资源被剥离出来，各组织内部分工合理明确，极大提高了组织效率和效益。而且，各产业特别是重点产业在其发展过程中对科技服务需求十分突出，这就需要充分发挥科技服务业各细分业态的专业化服务能力，通过各科技服务业态将推动重点产业的价值链由低中端向高端升级发展。由于科技服务各细分业态的不断创新发展，使得其服务范围和辐射半径不断延伸扩展，技术创新将更加容易融入各产业中，产业转化速度加快，从而衍生出一大批创新技术、商业新业态和服务新内容等，形成新的领域分类。科技服务业和各类产业之间通过时空耦合，促进社会合理分工，推动产业价值链升级和产业大融合，实现科技服务业与各产业联动发展、协同共生。

（3）环境支撑性。通过前一章节对发达国家及地区科技服务业的发展经验总结，同时结合对江西省科技服务业发展水平影响因素的实证分析可知，政府行为、人力资源和科技水平等是科技服务业发展的主要影响因子，而这些因子绝大部分都来源于政府、市场等所创造的外界环境，所以科技服务业的持续发展离不开外界环境的支撑。科技服务业的环境支撑性特点主要体现为：政府的财税政策、创新激励政策及其相关法律法规等经济政治行为将在提供政策支撑和资金支持的基础上规范科技服务机构行为，提高科技服务企业的自我约束力；市场交易准则、金融环境等对行业内技术进步有着促进引导及作用，制定严格的科技服务业市场准入规范与负面清单，构建统一开放、竞争有序的市场体系，加大对科技创新的资金投入力度，引入银行信贷、创业投资、资本市场等金融支持，建立完善的资金投入体系，有效推动了科技服务市场行业的技术进步；社会公共服务平台是科技服务机构间的科技信息和仪器设备等基础科技资源进行共享的重要载体，能够保障科技服务产业活动的顺利开展，提高产业竞争力，同时社会公众自主的创新意识和鼓励科技创新的社会氛围等则是科技服务业发展的精神支柱。

4.1.3 科技服务业的构成要素

从系统要素构成的角度来看，科技服务业是一个由服务主体及资源、服务对象、服务内容、服务目标和外部环境等诸多要素构成的统一有机整体。科技服务系统的构成要素如图4-1所示。

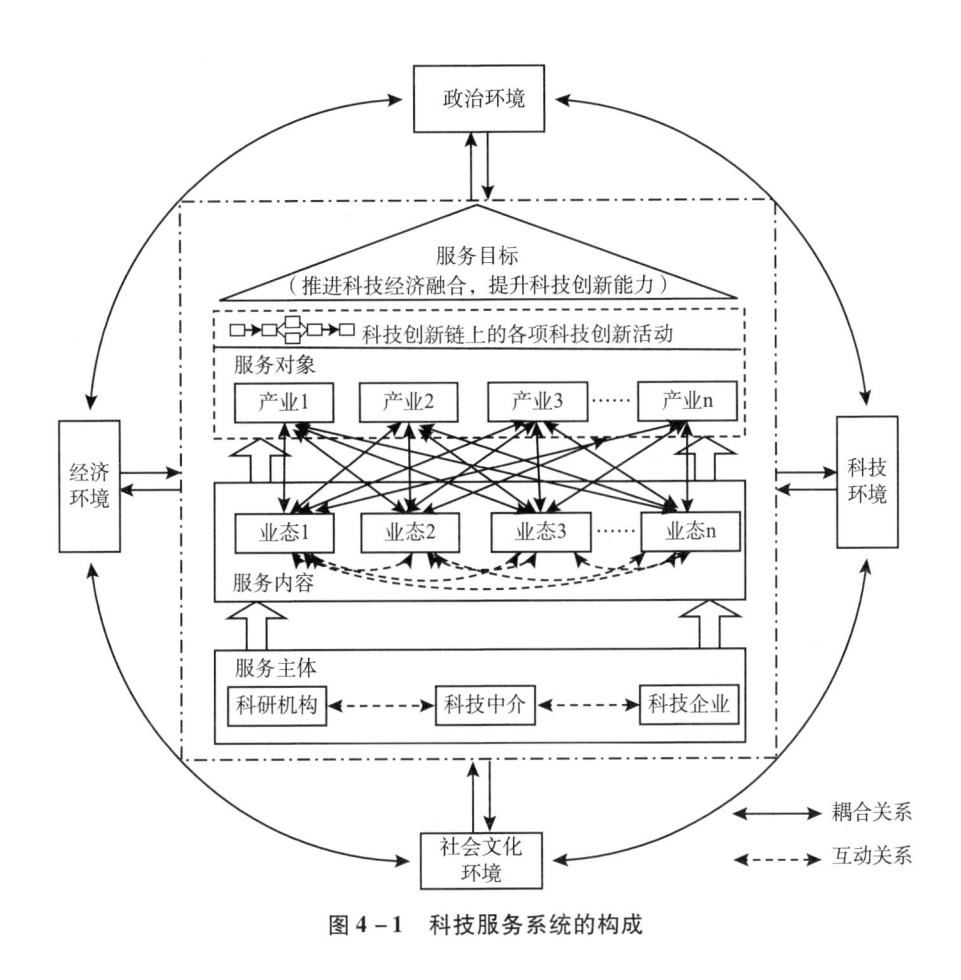

图4-1 科技服务系统的构成

其中,科技服务主体包括科研机构、科技中介和科技企业等三大科技公共组织。服务主体内的知识、技术、信息、人才和设备等各类资源相互流通,合理配置。需要指出的是,不同服务主体在科技创新活动中扮演着不同角色,具有不同的服务功能,其服务对象和服务内容具有一定差异,如科研机构的主要作用是集聚技术、人才和设备等资源来研发新技术及新产品;科技中介则是在科技研究成果进入市场进行交易过程中充当媒介作用，提供知识产权、技术推广和科技法律等中介服务，加快科技成果市场化；科技企业是将科技创新成果进行市场交易，获得经济效益与社会效益的直接参与者。

科技服务对象是指在科技创新链上的各产业及下属企业的各项具体科技创新活动。所有需要技术与知识的生产经营活动，都是科技服务业的服务对象，涉及航空航天、新材料、节能环保、生物技术、信息网络、绿色食品和重工业等众多产业的生产营销活动。在科技创新活动中，科技服务业和其他产业相结合会衍生出各类新业态，而这些新业态又将成为科技服务的对象之一。

科技服务内容是指研究开发、检验检测认证、技术转移、知识产权、科技咨询和科技金融等各细分业态所能提供的科技服务及其配套服务。在科技创新服务过程中，各科技服务主体以细分业态为载体，为科技创新活动的每一个环节提供具有针对性的专业化服务，例如科技咨询对科技项目进行调研、分析、研究和预测，为组织决策提供专业智力服务；科技金融则为新产品开发提供商业融资和风险担保，保障创新活动的正常运行。

科技服务目标是指通过科技成果产业化，实现科技与经济融合，提升社会整体科技创新能力。任何一产业发展的最终目标都是要通过各种生产经营活动创造更多的社会和经济效益。科技服务业以科技创新为核心，围绕着终极服务目标，通过加入其他产业的生产、组织、管理和营销等活动中，满足产品或服务的科技需求，共同提升经济效益，推动社会进步。

外部环境要素是指影响各产业特别是科技服务业发展的所有大环境的总和，主要包括政治、经济、科技和社会文化等外生因素，这四种环境要素贯穿于整个科技创新链中，影响着科技服务的主体、资源、对象、目标及各项创新活动，对科技服务业的产生、发展、演化和升级起支撑作用。

科技服务主体围绕着科技服务目标，利用所拥有的知识、技术、人才和资金等科技资源，为科技服务对象提供专业化的科技服务内容，满足企业和社会对科技创新的需求。外部各环境要素则为科技创新链上的所有活动提供各类支持，保障创新活动能够正常开展。科技服务系统内的所有要素相互配合，共同推动社会整体创新。

4.2 科技服务业细分业态间的互动机理

4.2.1 科技服务业细分业态划分

根据各服务主体所提供的服务内容的不同，科技服务业可划分为科技信息、科技设施、科技贸易、科技金融和企业孵化器五大子系统，分别作用于产品研发、技术创新、市场交易、资金融合、创新成果产业化等环节，并与之相互促进、协调发展。根据2014年国务院发布的《关于加快科技服务业发展的若干意见》，科技服务业的五大子系统所提供的服务如下：

（1）信息子系统提供科技信息、技术评估、知识培训、会展宣传和技术交流论坛等服务；

（2）科技设施子系统为研发成果的转移转化提供各类基础设施服务，包括大型仪器设备和各类技术平台等硬件设施；

（3）科技贸易子系统提供了相应科技产品市场的交易与扩散等服务；

（4）科技金融子系统提供商业投资融资和金融风险担保等服务；

（5）企业孵化器子系统为中小型科技企业的发展提供基础条件设施和政策服务。

在这五大子系统内，科技服务业又可细分为研究开发、技术转移、检测检验认证、创业孵化、知识产权、科技咨询、科技金融、科学技术普及等不同业态。

4.2.2 科技服务业细分业态的功能界定

科技服务业主要服务于各产业及下属企业的科技创新活动中，各细分业态的服务功能主要如下：

（1）研究开发是科技服务业的核心部分，以高新技术为媒介，从事研究与发展、提供知识成果和技术服务，位于产业链的最前端；

（2）技术转移是各类技术转移中介机构围绕创新成果，为科技型企业提供技术交易、技术转让和技术代理等服务活动，主要通过市场化的商业形式来实现；

（3）检测检验认证服务是具备检验检测资质的机构进行的产品质量评定，运用科学技术对科技产品或服务提供专业化的性能测试和成果鉴定等服务；

（4）创业孵化平台的建立，可为初始创业者提供共享服务空间、政策指导、资金融合、咨询策划、项目顾问、人才培训等多类创业辅导服务；

（5）知识产权服务是一个对一切来自知识活动领域的分析、保护、实施和许可方面提供支撑服务的专业化平台，包括知识产权代理、知识产权商用化等相关服务及知识产权法律服务等衍生服务；

（6）科技咨询是以科学为依据、信息为基础的，利用现代科学方法和先进手段对项目进行调研、分析、研究和预测，为组织决策提供专业智力服务的科技中介；

（7）科技金融是围绕研发活动、创新成果转换和商业化等科技创新链，为科技型组织提供融资和风险担保等各类金融服务的机构，是促进科技开发和成果转化的有力保障，具有高经济杠杆性；

（8）科学技术普及是通过各种传播媒介向社会大众普及科学知识、提倡科学方法和传播科学知识等一系列在社会上营造科学氛围的活动，树立公众科学提高生产力、推动社会进步的意识，是产业发展的外部助推器之一。

4.2.3 科技服务业细分业态间的互动机理

科技创新链是指以市场需求为导向,通过科技创新活动将各创新参与主体链接起来,实现科技成果商品化和产业化的过程。科技服务业以加快推进科技成果转化为主线,各细分业态依附并嵌入科技创新链的各个环节,以此形成科技创新服务链,并不断分解细化。在这一科技创新和服务创新过程中,科技服务业各细分业态之间进行了专业化分工和多向协作互动,它们服务于科技创新链条的不同环节和活动,并利用科技服务平台为各科技创新参与者提供知识、技术、人才、信息、资金和设备等科技创新支撑要素。科技服务业各细分业态之间的互动机理如图 4-2 所示。

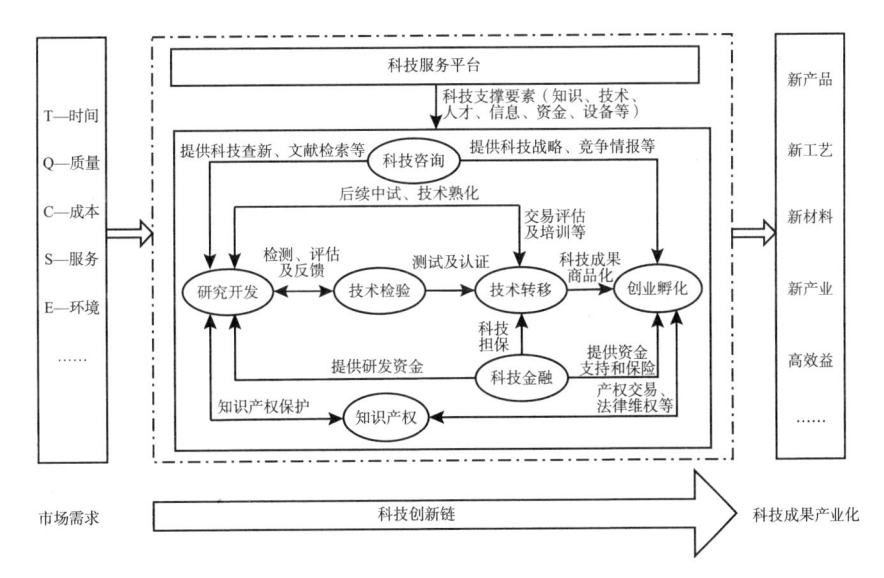

图 4-2 科技服务业细分业态间的互动机理

从科技创新链和科技创新要素综合角度来看,科技服务业各细分业态之间的互动关系如下：

（1）研究开发是科技创新活动的起点和核心，也是各细分业态开展科技服务的基础。在研发环节，高校、科研院所、研发设计类企业等研发主体结合市场需求，切实开展各项专业化、创新性、前瞻性研发活动，在研发过程中，科技金融机构可为各主体提供资金来源和科技保险服务，科技咨询机构可为其提供科技查新、文献检索、技术评估等科技信息和科技咨询服务。对于研发出来的新技术或新产品等科技成果，一方面需要相关检验检测机构为其提供分析、测试、检验和认证等服务，检验检测认证结果和技术能力水平直接决定了成果的后续转化/转移价值，与此同时，技术转移机构则为科技成果提供后续中试、技术熟化等服务，另一方面科技创新成果还需要知识产权机构为其提供知识产权保护服务。

（2）在科技成果转化/转移环节，研发主体可面向市场通过自办企业或与企业合作等形式直接进行科技成果转化，也可以通过参加技术市场交易会或者利用技术转移服务机构帮助其进行科技成果转移，并由转移后的科技成果所有方进行后续的商品化和产业化。在技术转化/转移过程中，科技金融主要提供科技担保、知识产权质押等服务，科技咨询机构则为技术转移中心的技术交易提供咨询、培训和交易评估等服务。

（3）科技成果商品化、产业化环节以科技园、孵化中心等各类孵化器为载体，科技金融机构可通过担保、产权质押、股权投资等方式为其提供资金支持和保险，解决中小企业的创业融资和风险问题；科技咨询机构则提供关于科技战略、竞争情报、招投标、工程技术咨询及解决方案、项目管理等服务。

在整个科技服务创新过程中，科技金融服务机构以满足科技创新链上所有环节的金融需求和降低金融风险为目标，科学技术普及机构则利用各传播媒体开展公益性的科普服务，营造科技创新的社会氛围，科学技术普及与科技服务业的其他细分业态之间具有隐形、间接互动关系

(图4-2中仅展示了业态间的直接、显性互动关系)。

4.3 科技服务业与重点产业的耦合机理

4.3.1 科技服务业与重点产业的关系

科技服务业是在当今产业不断细化分工和产业不断融合趋势下形成的新的产业分类,是通过科技创新引领第一产业、第二产业结构转型、升级、提高和发展的重要媒介,其行业特征决定了它必须要服务于某个具体产业才能发挥其价值。

现今,世界各国都在因地制宜发展重点产业,以抢占未来发展的战略制高点。我国《"十三五"国家战略性新兴产业发展规划》将新一代信息技术产业、高端装备与新材料产业、生物产业、绿色低碳产业、数字创意产业等列入主要发展的五大领域,将空天海洋、信息网络、生物技术、核技术列入超前布局的四大领域。同时,江西省政府也在加大力度发展节能环保、新能源、新材料、生物和新医药、新一代信息技术、航空产业、先进装备制造、锂电及电动汽车、文化暨创意和绿色食品等战略性新兴产业(重点产业)。由前述的科技服务业典型特征可知,科技服务与对象产业之间相互促进、相互协调、动态关联,具有很强的时空耦合性。作为江西省优先发展的重点产业和推动地区经济发展的主导力量,战略性新兴产业具有强大的科技创新需求,与科技服务业联动发展一方面可提升自身产业创新能力,加快促进产业结构升级和价值链升级,另一方面,通过战略性新兴产业的示范带动作用,可进一步促进科技服务业的快速发展和升级。

4.3.2 重点产业的发展障碍

当前我国战略新兴产业的创新水平和盈利能力明显改善,已有一批新领域企业的竞争力显著提高,不断开拓着国际市场。但就整体创新水平来说,我国战略新兴产业的科技水平与世界相比还存在较大差距,某些专业核心技术仍受制于国外市场,新兴产业的政策体系建设、资金风险支撑和市场监管方式等相对落后,不能满足重点产业在社会经济发展过程中新旧动力衔接转换和产业转型等要求。

以新一代信息技术产业为例,目前该产业在发展过程中主要面临着以下障碍:

(1) 核心专利技术缺乏,创新技术不足。近来信息技术领域技术专利化、专利标准化趋势明显,在国际标准中嵌入专利技术,企业的专利价值得以提升。我国虽然在 TD－SCDMA 移动通信标准中占主导位置,但在众多互联网标准中我国所占据的份额不足2%。

(2) 产业内各机构分工不合理,专业性不强。以信息安全为例,数据间的开发、传送、整合和保护等环节虽有多个参与者,但并无目标负责部门,一旦数据信息出现纰漏时无专门的部门去统一有效地解决问题,导致产业内工作效率不高。

(3) 产业融合深度不够,与其他产业的关联性较弱。大数据、移动互联网、物联网等新一代信息技术在教育、医疗、交通和家居等领域的应用不够深入,产业融合的广度和深度不够,没有充分发挥新一代信息技术在其他产业中的关键引领作用;

(4) 产业处于价值链中低端,产品附加值不高。目前我国信息技术产业在基础领域创新动力不足,没有充分挖掘产品研发、设计、中介服务和咨询服务等产业链环节的深度价值,信息技术产品的附加值有待进一步提升。

4.3.3 科技服务业与重点产业的耦合机理

鉴于当前国家重点发展的产业种类较多,且每个重点产业的产业链结构、科技创新要素及活动具有一定差异,本书选取国家和江西省十大战略新兴产业之一的新一代信息技术产业中的物联网(internet of things, IOT)产业为研究对象,以此来研究科技服务业和重点产业之间的耦合机理,如图 4 – 3 所示。

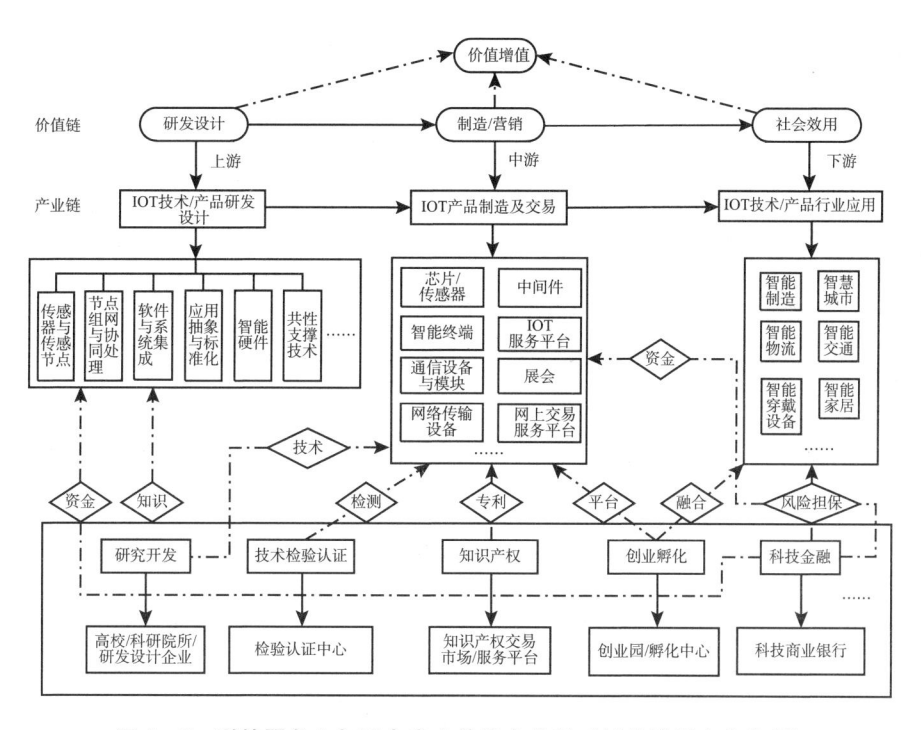

图 4 – 3 科技服务业与重点产业的耦合机理(以物联网产业为例)

1. 从社会分工角度,科技服务业有利于促进产业合理分工

从上下游的关联度来看,物联网产业链可由 IOT 技术/产品研发设计、IOT 产品制造及交易、IOT 技术/产品行业应用等三个基本环节组成。从物联网的技术架构来看，可分为感知层、网络层和应用层等三个层次，根据这三个层次，物联网产业链又可细分为芯片供应商、传感器供应商、通信模块供应商、智能硬件供应商、应用软件/分析软件供应商等技术供应商环节，测试认证服务、网络服务、平台服务、系统集成服务、管理咨询服务、应用/商业服务等服务供应商环节。

科技服务业的各服务主体和细分业态协同作用于物联网产业链的各个具体环节，在促进物联网产业的合理分工中发挥着重要作用。以技术供应商中的芯片供应为例，当前各物联网芯片研发设计企业都专注于某一个或几个领域的研发设计，如高通、联发科专注于无线通信芯片的设计，德州仪器专注于传感器芯片、嵌入式微控制器的设计，紫光国芯专注于安全芯片及存储设计，长电科技则专注于芯片封装领域。

在测试认证服务环节，各检验检测认证机构主要对研发出的物联网技术或产品提供专业化检验检测和认证服务，如江苏省电子信息产品质量监督检验研究院组建的国家物联网产品及应用系统质量监督检验中心、工业和信息化部电信研究院组建的国家物联网通信产品质量监督检验中心可提供基础传感产品的环境适应性与可靠性试验、无线传感网的无线发射特性与电磁兼容性能试验测试、物联网的安全性与可靠性评估、物联网产业应用系统监理、系统集成资质企业的认证、物联网通信产品质量检验等服务。

在网络服务环节，中国移动、中国电信、中国联通等网络服务商主要提供物联网通信网络服务，而东信和平、华大股份等网络服务企业则提供 COS 芯片系统及 SIM 卡服务。

在平台服务环节，思科为物联网应用提供连接管理平台，IBM、华为、百度、腾讯、阿里、京东等企业则主要提供设备管理平台和应用开发服务平台。

在管理咨询服务环节，各中介机构主要提供调研、分析、预测等服务，如中国电子信息产业发展研究院组建的国家物联网公共技术服务平台可为用户提供品牌推广、规划咨询、人才培训、决策支持等服务，以此推进物联网技术的垂直应用。

在系统集成及应用服务环节，华为、中兴等服务商主要提供通用的物联网系统集成及应用服务，也有部分企业提供面向特定行业的系统集成及应用服务，例如东土科技主要提供工业物联网解决方案，亿阳信通提供智慧城市解决方案，而华鹏飞主要提供智慧物流系统集成服务。

2. 从价值链角度，科技服务业有利于推动产业价值链升级

从价值产生和价值增值角度，物联网产业价值链可由研发设计、制造/营销和社会效用等三个基本环节组成。当前我国物联网企业的主营业务主要侧重于应用和集成领域，在技术研发特别是基础技术研发、标准及知识产权、社会效用化等方面的能力还有待提升，在现有物联网产业生态竞争中面临着巨大的挑战并处于不利地位。科技服务业各细分业态在物联网产业链中的渗透分解，对于推动物联网产业价值链由中低端向高端升级具有重要意义。

以研发设计环节为例，各专业化研发类企业、高校、科研院所围绕物联网的三层网络架构开展了一系列关键技术攻关，研究开发出了大量新技术和新产品。根据英国知识产权局对2004～2013年间全球物联网专利技术分析的结果表明，中兴通信公司的物联网专利数量位居全球科技企业第一名。在物联网基础技术研究方面，高校和科研院所一直扮演着主力军的角色。在传统传感器研发领域，截至2015年2月的国内专利申请统计数据显示，排名前十的专利权人中有4家为高校，在新型MEMS传感器研发领域，高校和科研院校申请的国内专利也依然占据数量优势。为了抢占技术制高点，提升我国物联网技术的自主创新能力，降低企业知识产权侵权风险，国内部分企事业单位、高校以及相关机构相继成立了物联网知识产权联盟、射频识别知识产权联盟等知识产权组织，通过实施标准战略和知识产权战略来提升物联网的产业价值。

除此以外，在国家及各级政府、物联网产业、运营商的积极推动下，组建了一定数量的物联网产业联盟。各产业联盟以物联网行业的重大技术需求为导向，通过资源整合和优势互补，开展协同创新和技术攻关，推动产业发展和提升物联网产业的整体竞争力，产业联盟也是当前物联网产业链上各环节之间的横向合作的主要形式。在诸多产业联盟中，国家及各级政府推动组建的代表性产业联盟有中国传感（物联）网技术产业联盟和中国物联网研究发展中心等，RFID产业推动组建的代表性产业联盟有中国射频识别产业技术创新联盟、广东省无线射频标准化技术委员会等，运营商推动组建的代表性产业联盟有全国M2M产业基地、中国无线传感网ID中心等。

3. 从产业融合角度，科技服务业有利于加强产业融合

作为抢占经济发展战略制高点的重要突破口，重点产业特别是战略性新兴产业的发展必须要以创新驱动为核心，这为科技服务业提供了充足的发展空间和巨大的潜在市场。一方面，科技服务业与重点产业在产业链、科技创新链上的各个环节不断融合，在融合过程中，科技服务业对产业链进行完善，对价值链进行延伸，并通过科技创新资源的优化配置和科技创新成果的转化来带动产业链关键环节的重点突破及产业的转型升级，并以此实现科技服务业的自我发展升级。另一方面，在科技服务业的推动下，重点产业不断向其他领域渗透并与之融合，随着行业应用的广度和深度不断提升，催生了大量新模式和新业态。

以工业领域为例，作为制造业大国的中国，当前正面临着全球新一轮科技革命和产业变革、国际产业分工格局重大调整、国内经济"新常态"下的供给侧结构性改革、提质增效等多重挑战，这对制造企业在提高产品质量和减少资源消耗、提高生产效益和降低生产成本等方面提出了更高要求，制造业迫切需要转型升级、由大变强。以物联网、大数据、云计算等为代表的新一代信息技术将智能感知、智能控制、智能决策和智能执行等功能贯穿于生产制造活动的设计、生产、管理、服务等各个环节，催生了以自感知、自学习、自决策、自执行、自适应等为典型特征的新型生产方式—智能制造。智能制造通过对产品制造与服务过程及全生命周期中制造资源与信息资源的智能感知与共享、智能处理与优化控制，有利于实现研发的智能化、生产过程的智能化、管理的智能化、产品及服务的智能化，对于提高产品附加值，增强制造与服务过程的管控，推进制造业由大变强具有重要意义。除此以外，物联网技术与移动互联加速融合，推动了智能穿戴设备的爆发式增长，智能穿戴设备通过与智能手机等终端以及移动APP的互联集成，进一步推动了智能家居的发展。

4.4 外部环境对科技服务业的支撑机理

4.4.1 宏观外部环境分析

在产业活动中，宏观外部环境是制造市场机会和环境威胁的主要社会力量，包括经济环境、政治环境、社会文化环境和科技环境等四种主要环境。

经济环境是指构成产业生存和发展的社会经济状况及国家经济政策等，是影响产业发展的主要因素，包括社会经济结构、经济体制政策和市场发展状况等要素。政治环境是指影响产业活动的政治要素和法律系统，是保障各企业生产经营活动顺利开展的基本条件，包括国家政治制度、方针政策和法律法规等要素。社会文化环境是在社会形态下已经形成了的价值观念、风俗习惯和道德规范等的总和。科技环境是指包含了科技政策、科技创新水平、新产品开发能力和科技发展趋势等一系列与科学技术有关的活动及现象的总和，是社会生产力中最活跃的因素。

4.4.2 宏观外部环境对科技服务业的作用

（1）政府支持作用。通过前面对江西省科技服务业发展水平影响因素进行实证分析可发现，政府行为在推动科技服务业发展的过程中起着很重要的引导与支持作用。约瑟夫·斯蒂格利茨曾指出政府有两大显著特性：对全体社会成员具有普遍性的组织；拥有其他经济组织所不具备的强制力。这种国家的强制力来源于一个毫无疑问的事实：在国家所拥有的管辖范围内，全体社会成员是强制性地从属于这个国家的。政府作为社会中最大的公共组织，制定实施各项科技税收政策、法律保障制度和鼓励创新政策等，通过建立有效的科技服务政策体系，以此提高科技机构和企业的自主研发能力，推动创新成果产业化规模化，提升整体科技服务水平。

（2）市场支持作用。市场经济条件下，以市场为导向是市场经济的核心。科技服务业作为市场中的活动主体之一，其经营活动也必须以市场需求作为基础。良好的市场运营系统是推动科技服务业发展的加速器。以市场需求为导向，可以挖掘企业内在的发展潜力，促进企业不断开发、升级自主创新能力和装备设置，提高企业整体核心竞争力，为科技成果转化和满足市场需求务实基础[69]。全方面、多层次的金融服务体系是市场经济活动的保障，各融资机构为科技型企业提供了强有力的资金支持，增强了其长期发展的稳定性。

（3）社会支持作用。社会服务体系中各种基础设施建设为科技服务业发展提供了有效的信息技术帮助平台，如科研院所建立的技术联盟和大型科学仪器设备资源的共建共享等，众多的科技基础平台资源共享模式节约了大量人力、物力和财力，提高了科技型企业的生产工作效率。此外，社会支持作用还表现在社会文化环境的影响。由于受中国传统思想的束缚，导致很多企业安于现状，不敢放手创新，影响我国科技服务业发展步伐。只有努力培育公民自主创新意识，为科技服务业的发展提供优越的制度环境保障和良好的科技创新氛围，才更有利于科技服务业的快速发展。

4.4.3 宏观外部环境对科技服务业的支撑机理

科技服务业作为知识密集性产业，其发展具有很强的正外部性。对该产业而言，宏观外部环境对科技服务业的支撑主要包含了政府支撑、市场支撑及社会支撑等三个内容，涉及政治、经济、科技、社会文化等四大外部环境。宏观外部环境对科技服务业的支撑机理如图4-4所示。

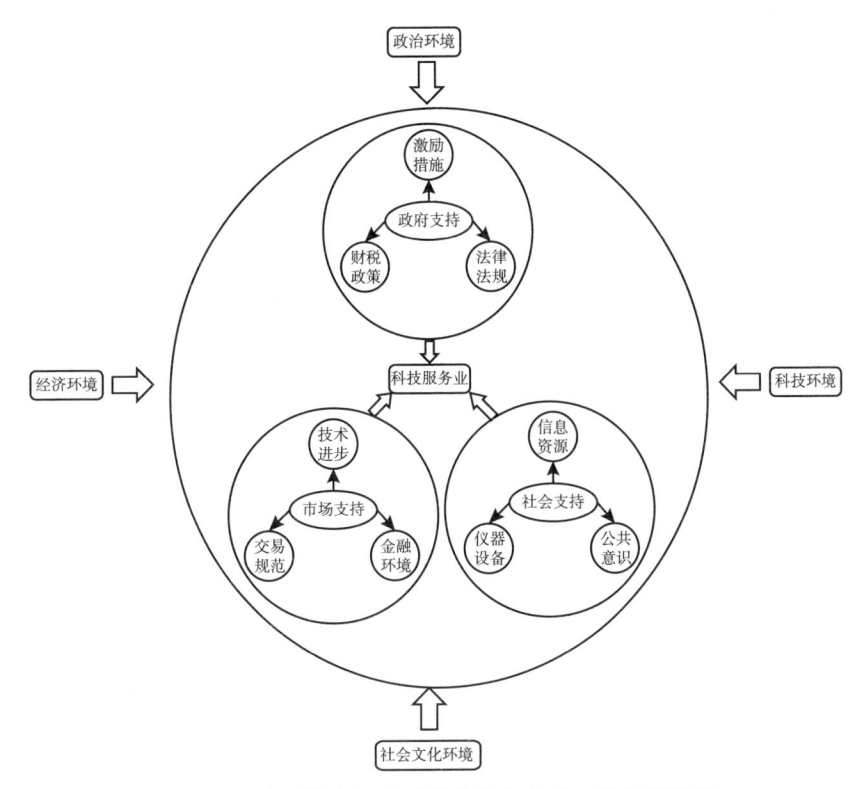

图4-4 宏观外部环境对科技服务业的支撑作用机理

科技服务业的发展不仅需要相应的科技资源投入及其优化配置，也需要政府相关的配套支持。通过财政补贴、税收优惠、财政拨款等财税政策，解决科技服务机构的金融问题；通过技术奖励、技术入股、技术人才表彰等激励制度，引导和鼓励企业及个人开展科技创新，为科技服务发展提供自主创新的动力。同时，政府针对科技咨询、科技评估、科技信息、知识产权、技术风险投资等不同科技服务业务的实际需求，制定切实可行、操作性强的法规体系，明确各类科技服务业的法律地位、权利与义务、组织制度等，为科技服务业主体的发展提供政策支持。政府通过制定促进产业发展的财税政策、创新激励措施和法律法规等支撑性工作，推动科技机构的自主创新能力不断提高，科技成果不断涌现，从而影响产业发展走向，政府运用特有的行为方式为科技服务业发展提供了引导性和保护性作用。

市场经济的核心是以市场为导向，企业所有的经营活动也是以市场为主，良好的市场运营系统是科技服务业发展强有劲的推动器，使科技企业具备发展的原动力与后劲。市场对科技服务业的支撑性主要体现在以下三个方面，如图4-4所示。

（1）市场需求推动力。企业以生产市场所需要的产品为经营目标，当市场上出现一种全新的产品或服务需求时，各企业会想方设法满足这种需求，以弥补市场空缺。当这种需求得不到满足时，出于对潜在高利润的考虑，企业必将会努力研发新技术、开发新产品，以抢占市场先机，甚至形成垄断地位。快速追求效率将引发一系列中间产品的需求，创新型企业在市场上会吸引各种生产要素，使资源向具有较高科技创新能力的科技企业靠拢，同时创新能力强的科技企业由于自身条件良好会优先发展，迫使部分创新能力不足的科技企业无法生存，不得不进行技术创新以谋求生存和发展。这种市场需求对供给的选择将督促企业之间相互竞争，不断进行科技创新，推动整个行业内的技术进步。所以，市场需求为科技服务机构提供了方向性指引，提高了企业核心竞争力。

（2）市场竞争驱动力。在科学技术发展迅猛的时代，每一个企业都面临着新的市场机会，当一个科技企业率先自主创新并取得成功时，将会打破这个市场的竞争格局和利益分配，处于较弱地位的科技企业面临生存危机，必须不断进行技术创新才能解决困境，这种市场竞争驱动力将会拉动科技服务各细分业态机构的创新水平。此外，出于行业的保护性质，当一个企业想要进军某个行业时，必然会面临着准入条件、资格审查、版权代理甚至行业垄断等各种合理或者不合理的要求限制，为此有序的市场竞争是加快科技服务业发展的必要条件。制定合理的市场准入及市场交易准则条例，杜绝行业垄断和不正当竞争的行为，提高服务产品的认定标准，加强知识产权的保护能力和服务能力的建设，将规范市场竞争秩序，有效维护科技服务机构权益，巩固科技服务业各细分业态的市场地位。

（3）市场激励拉动力。科技型企业通过市场机制实现科技创新达到营利目的，市场环境的激励对科技服务企业有着导向和鼓励作用。科技创新的成果如果满足市场需求，企业将会从中获得高额回报，反之将会受到市场的惩罚。同时，由于市场激励的作用，科技成果转化成商品推广的速度越来越快，需要大量资本维持运营。在市场良好的发展态势下，科技服务企业可通过捆绑、并购重组等方式在国际资本市场、主板、中小板及创业板市场上市，获得市场运作资金支持和风险金融担保，良好的市场金融环境将激励企业不断研发新的科技产品和科技服务，扩大产业规模。

科技服务企业通过自身的运行规律，以满足市场科技需求为前提，生产或提供市场所需要的产品和服务为终极目标，推动科技服务行业内技术进步；同时，市场交易规范条例和市场金融环境等对提高科技服务业各细分业态的稳定性与创新性及扩大科技产业规模将产生一定影响。

社会对科技服务业的支撑作用在于利用科技信息资源的共享、科技仪器设备的共用和公共创新意识的培育等三个维度，完善科技服务细分业态功能，提升经济社会自主创新能力。通过社会上公共服务平台提供的科技信息和仪器设备共享共用等科技综合服务，整合各类基础创新资源和聚集创新要素，可有效配置科技资源，以此来保障科技服务产业活动的顺利开展，提高产业整体竞争力。科技创新不是一个立竿见影的项目，在现在急功近利且浮躁的社会心态下，加之传统思想根深蒂固，很多人认为自主创新是没有发展空间的，决心开展技术创新的企业或个人经常会受到社会的冷嘲热讽，削弱创新积极性，严重影响科技服务业发展。为此，通过建设社会创新文化，鼓励社会创新发展，可以帮助公众树立尊重科学、创新技术意识，营造出创新创业的浓厚社会文化氛围，为科技型企业开拓市场需求，提供一个积极向上的发展环境。

4.5 本章小结

本章首先重新界定了科技服务业的概念及内涵，提炼了科技服务业的典型特征，其次分析了科技服务系统的构成要素，最后基于"互动—耦合—支撑"视角，从科技创新链和科技支撑要素维度研究了科技服务业细分业态之间的互动机理，从社会分工、价值链升级和产业融合等三个维度研究了科技服务业和重点产业间的耦合机理，从政府行为、金融环境、行业技术进步、基础建设和公众意识等方面研究了宏观外部环境对科技服务业发展的支撑机理。

第 5 章

江西省科技服务业发展模式

通过前文几个章节的研究，发现江西省科技服务业发展起步晚、发展慢，存在着政府引导力不够、科技创新人才缺失和科研经费投入不够等着诸多问题。要解决这些问题，促进江西省科技服务业的长远健康发展，必须以江西省科技服务业发展现状为基础，结合科技服务业发展机理和自身发展规律，积极探索适合江西省自身特点的科技服务业发展模式。本章将概括国内外科技服务业的典型发展模式，并对其特点进行归纳总结和对比分析，在此基础上，构建以业态、产业和外部环境为核心的科技服务业多维协同发展模式，分析该模式的内涵、特点、框架和运行机制，为江西省科技服务业发展模式的实践提供理论指导。

5.1 科技服务业典型发展模式

5.1.1 国外科技服务业发展模式

1. 美国：政府间接支撑模式

美国科技服务业十分发达，拥有种类繁多且专业化程度较高的科技服务组织机构，类型齐全，组织形式多样化。这些科技服务业组织机构大部分都依托于高校、研究机构、专业协会、政府部门、咨询公司、风险投资公司和律师事务所等。在科技服务业发展过程中，为充分发挥企业创新的主体作用，政府只从供给、需求和环境保障等几个方面仅进行必要的干预，其职能主要集中在帮助市场机制发挥作用，为社会技术创新和企业自主研发提供各项政策和制度环境支撑。通过建立法律保障体系、直接资助建立国家科技服务机构和推动科技服务计划实施等，形成了政府间接支撑科技服务业发展模式。如美国政府建立起了一套完整的知识产权法律体系，在全球范围内实施保护其知识产权，为企业和个人营造了公平竞争的创新环境，维护了本国利益；特别重视高等教育，不断加大对国内高等教育的经费投入，以此来保障对高科技人才的培养；非常注重非营利性科技服务业组织机构——小企业发展中心（Small Business Develupment Centers，SBDC）的经营发展，其运营经费来自联邦政府、州政府和其他收入，政府帮助该组织获取更多的市场份额和投融资服务[22]。

2. 日本：政府直接干预模式

日本在战后大力发展本国科技服务业，目前已形成了以政府直接干预为主导，"产、官、学、研"紧密联合，实施重点积极引导和重点扶植的典型发展模式，引导科技服务业的发展。从科技服务业的研发创造到科技成果转化等一系列科技活动中，日本政府都会参与其中，不但会为科技企业发展制定宏观战略规划，而且在必要时也会跨越组织协调职能，直接参与企业的科技创新过程中，建构起"政府—企业"的技术创新体系，由政府提供决策、咨询、管理和法律等科技服务。日本政府主要通过各类财政补贴、税收优惠和贷款优惠等方式对科技型企业给予以资金支持，为企业进行技术创新创造良好的环境和条件。二次世界大战之后，日本还成立了包括"两行、十库、一局"等在内的政策性金融机构，极大程度上解决了企业的融资困难问题。针对部分重大战略性技术和发展较为困难的新兴技术产业，日本政府通过设立具有政府部分职能行使权的委托服务机构,提供全方位的科技服务以帮助这些中小企业发展,如全日本能率联合会、中小企业诊断会和日本科学技术振兴事业团等。

3. 欧盟:市场驱动型联盟发展模式

科技服务业的发展是伴随着中小科技企业发展壮大而走向成熟,而中小企业是中介服务机构的直接受益者,欧盟十分重视为科技型企业提供各类服务的科技中介体系。因此,欧盟内各成员国除了投入资金、政策支撑和培养人才以支持科技服务业发展之外,另一个突出特点就是以市场为导向,实行市场驱动型科技服务业体系联盟发展模式。为促进联盟内各成员的创新技术沟通与交流,欧盟建立了以市场为需求的牵引技术转移的互通中介服务机构——创新驿站(Innovation Relay Centre,IRC),支持跨欧洲的技术创新和跨国技术合作,为中小企业获取专有技术提供一系列专业化的支持性服务。创新驿站帮助科技企业以市场为导向进行国际性的创新合作,在技术转移与技术创新中起到重要的媒介作用。创新驿站主要设在各国的公共机构中,如大学的技术中心、商会、区域发展机构和国家创新机构等。为使科技企业的创新技术保持明显优势,科研成果能够持续满足市场需求,德国政府建立了370家史太白基金会技术转让中心,为欧盟内其他国家的科技中介服务机构体系建设提供典范。

5.1.2 国内科技服务业发展模式

1. 创新平台支撑模式

创新平台是指在一些专业领域内将某些创新资源或创新要素进行聚集和整合,推动某个领域的创新研究,并不断研发创新应用成果。科技服务业领域的创新平台是以满足社会科技创新需求为目标,在整合、聚集科技创新资源和要素的基础上,共同解决与行业发展相关的技术或产品问题的网络系统。创新平台作为一个产业发展的支撑点,融合了基础服务与工具方法，为进入该平台的各类科技组织提供研发、转让、检测、评估、专利保护、管理咨询和基础设施等科技服务，使分布在各行业的科技资源得到了有效流动和合理配置，以平台的方式促进科技服务业的创新发展。

目前，我国各省正加快建立科技创新平台的步伐，这些平台类型多样、各具特色。本书将以苏南国家自主创新示范区一体化创新平台为例，从科技服务对象、服务内容、服务手段等方面对创新平台支撑模式进行分析。

苏南国家自主创新示范区一体化创新服务平台于2016年11月开通试运行，该平台实行"1+6+8"三位一体构架：即建设1个省自创区建设促进服务中心（总部）；创建包括产业技术协同平台、科技投融资服务平台、创新政策服务平台、科技基础设施共享服务平台、开放创新合作平台以及"双创"服务平台等在内的6大平台；建设18个在苏南区市及国家高新区一站式服务中心（站点）。该平台围绕示范区"三区一高地"的战略定位，于2016年年底建成了覆盖苏南5市和国家高新区、集六大服务功能平台为一体的自创区创新服务平台框架体系，服务科技企业达2万家以上，创新服务资源高度密集，助推自创区一体化进程。

（1）服务对象。

实践证明，在科技服务业各发展模式中，其服务对象都是在科技创新链环节上与科技服务业相关的科技企业、科技中介、科技工作者及其开展的科学活动。苏南国家自主创新示范区一体化创新服务平台的服务对象亦是如此，主要以科技服务业各细分业态及其创新活动为主，只要是需要知识和科学技术的产业活动，都可以在创新平台上寻找到符合生产经营活动的相关信息，并加以参考和借鉴。同时，在产业融合发展的过程中衍生的新业态也即将成为创新平台的服务对象。

（2）服务内容。

创新平台的科技服务内容主要依平台的性质而定，针对特定的客户群体提供相应的服务内容。苏南国家自主创新示范区一体化创新服务平台由一个总部、六大服务平台和十八个服务站点构成，采取"线上门户+线下站点"的建设模式，建立自创区门户网站与一体化平台服务大厅，同时组建科技创新联盟，形成了互联互通、线上线下、统筹集成的一体化科技服务工作体系，为平台内的科技企业提供技术研发创新、科技信息互通、科技合作、科技金融保障等服务。总部作为省示范区建设促进服务中心，集成产业技术协同创新、科技基础资源共享、创新政策服务、开发创新合作等于一体，为科技服务机构集中输送知识、技术、人才等创新资源，定向推送知识产权、行业动态、市场分析等服务信息，帮助科技企业把握科技前沿与市场行情。六大服务功能平台分别从技术协同、资源共享、政策扶持、科技金融、合作创新、"双创"等角度提供相应的科技服务，利用公共平台整合各类创新要素，推动科技服务业进行产学研合作，加快技术扩散和企业孵化。一站式服务中心（分中心）积极建立园区与企业需求数据库，创新要素在分中心与总部之间进行合理流动与高效组合。

服务内容反映了该模式存在价值的问题。可以看出，苏南国家自主创新示范区一体化创新服务平台围绕国家战略和区域经济社会发展的科技需求，分别向科技企业及科技工作者提供研发、检测、推广等科技服务，形成一个互通的网络化平台，帮助科技资源更加快捷高效的共享。但是，该模式的服务内容是以科技资源为基础和保障的，如果创新平台不能及时提供丰富且有效的科技资源，那么平台就失去了其存在意义。

（3）服务手段。

苏南国家自主创新示范区一体化创新服务平台在市场化运作和政府宏观引导相结合的基础上，利用强大的网络后台支撑，通过建立各科技服务专业平台的服务手段，积极探索人才、资本、成果和技术等创新资源的统筹配置和集成输送的新路径。

围绕可持续发展领域的重大科技问题，为开展产业技术发展前沿关键技术和重大应用基础问题的研究，获取原始创新成果和自主知识产权,苏南创新服务平台特建立了纳米技术、医疗器械、智能装备、环保装备等产业技术创新中心,同时还成立了石墨烯材料、专用集成电路及激光技术等专业研究所。为充分发挥高校智力资源,促进高端智力团队服务于企业技术创新,平台还建立了重大产学研创新平台,推动高等院校与地方共建新型研发机构,为科技企业提供产业及企业发展战略咨询、技术指导、人才培养、分析测试等服务,培育自主知识产权和自主品牌。苏南创新平台立足于研发创新需要,建立了科技基础资源平台,整合科学仪器设备、专利信息、文献著作、技术信息等科技资源,提供资源深度加工利用和共享等服务。紧扣产业创新链各个环节打造科技服务创新链,开放以中介服务性质为主的具有共性技术特征的"双创"技术平台,满足产业需求。

科技创新链具有复杂性,服务内容多样化,关联产业数不枚举,单一的发展模式无法满足科技服务业的发展需求,苏南国家自主创新示范区一体化创新服务平台发展模式则充分利用了科技创新链的特点,采取建立共享创新平台的手段,满足了产业发展需求,为科技服务业各业态提供多种类型的平台支撑。科技创新服务平台的建立为科技服务业提供了良好的基础服务体系,并与工具方法论相结合,为科技服务机构提供了强有力的后台支撑,推动了江苏省科技服务业的高速发展,使得江苏省的科技服务业发展水平在我国各省市中位于前列。但是,由于创新平台体系庞大、数量较多,各科技数据和专利信息等不计其数,科技工作者在众多的科技平台中难以准确快速的寻找到自己所需要的创新资源,各类科技信息无法在短时间内有效并合理利用。而且,由于科技服务业的高技术性与特殊性,科技成果从研发到推广直至完全应用需要很长一段时间,且存在着研发成品失败带来的高风险损失,创新平台所提供的资源能否承受住时间和效率的考验还有待观察。

2. 知识管理服务模式

知识管理是为了满足该领域内现在和将来出现的各种知识需要,通过采集、加工、储存、创新知识等，对所获得的知识资产进行开发并持续管理的过程，其目的是促进知识创新并激发智力资源，形成组织循环。科技服务业领域的知识管理模式是指科技服务提供商利用自身专业知识为企业提供优质且持续的创新知识资源管理服务。科技服务提供商获取各企业现有的自身知识和客户知识，通过编码化和人格化两种管理方式对这些知识进行系统分析，深度挖掘其内在价值并反馈给企业，提出科学的解决方案和响应机制等。目前，科技服务业领域内很多机构都采取了知识管理服务模式并取得良好的效果，本书将以泛微内容引擎平台为例，从服务对象、服务内容和服务手段等方面分析知识管理服务模式。

泛微内容引擎平台是一个全面支持企业知识积累、分享、利用和创新的全过程内容管理与控制的应用平台，是由上海泛微网络科技股份有限公司研发的新型软件。泛微专注于协同管理软件领域，并致力于以协同 OA 为核心，帮助企业构建全员统一的移动办公平台，拥有一批自主知识产权的协同管理软件系列产品。在企业级移动互联大潮下，泛微发布了以"移动化、社交化、平台化、云端化"四化为核心的全新一代产品系列，包括面向大中型企业的平台型产品 e-cology、面向中小型企业的应用型产品 e-office、一体化的移动办公云 OA 平台 eteams，以及帮助企业对接移动互联的移动办公平台 e-mobile、移动集成平台等。泛微内容引擎平台就是其中一款为客户提供知识资源和解决方案的管理产品，通过知识管理协同软件对客户内部管理进行有效改进，帮助客户达到预期价值。

（1）服务对象。

泛微内容引擎平台是为了构建符合企业特点和需求的知识管理、提供个人工作和管理需要的知识支撑所搭建的。作为一个针对企业而开发的专业级知识管理平台，其服务对象是那些需要优质且持续的创新知识资源的企业，特别是高科技企业。这些新兴企业在开展科技创新活动时对智力资源的需求尤为强烈，渴望能够挖掘知识信息的深层价值并能加以利用，不断创新，促进企业全方位发展。

（2）服务内容。

泛微内容引擎平台是知识管理平台研发机构与解决方案提供商，致力于为客户提供高效易用的知识管理软件平台及专业化服务，帮助客户在信息时代提高生产力。该平台可以帮助企业灵活、准确、高效、智能地管理信息内容，实现信息的采集、加工、审核、发布、存储、检索、统计、分析、反馈等整个信息生命周期的管理，为客户提供科学建议及解决方案。泛微平台为用户提供了丰富的应用功能服务，包含了文档多级管理、知识地图展现、移动文档管理等，提供全方位支持企业知识积累、分享、利用和创新的全过程内容管理与控制服务。同时提供移动互联网时代必不可少的移动适配架构，除了PC端应用，提供所有移动设备的自适应，确保用户在移动端可以体验丰富的移动内容管理应用。

现代社会中各信息内容繁多、良莠不齐，知识管理服务模式的自动采集与辨别信息功能对于提高工作效率、与其他内容源进行内容集成起到巨大作用。泛微内容引擎平台的服务内容覆盖了科技产业链中的多个环节，面对新兴客户群体，解决了科技信息采集、整理、分析和反馈等关键问题。如何把有效的科学信息转化为企业持续创新的源泉，泛微内容引擎平台用实践证明了知识管理的重要性。

（3）服务手段。

知识管理模式的服务手段就是利用现代科学技术对知识进行采集与深度挖掘，并提供有效的解决方案。泛微内容引擎平台作为一家具有自主核心技术与知识产权的信息服务管理平台，有着丰富的前端应用和强大的后台支持，采取了多级目录、分权管理、全文检索、内容集成、移动应用的综合技术，在对知识进行管理的基础上可进行目录分权管理，同时实现多维权限控制，强大的集成能力让知识文档从各个系统中自动汇成，且具备多种灵活的应用场景设计。通过这些技术支持，泛微内容引擎平台对科技信息的管理变得更加标准、灵活且高效。知识的力量是巨大的，充分利用已有的知识并不断进行创新，不仅可以提升企业科技水平，也能使服务水平达到较高层次。

泛微知识管理服务平台为客户提供了简单化、标准化、集成化的企业知识管理专业服务，在帮助企业建立知识可积累架构、规范企业业务过程标准、支撑企业岗位工作与职能管理、辅助企业员工培养与成长、助力企业形成知识创新型组织和提升企业知识管理水平中发挥着重要作用。但是，该类知识管理平台是以企业信息为主导所构建的，在管理系统进行应用时，由于网络技术的不安全性，部分涉及的重要客户信息及企业内部资源等很有可能会向外界泄露，存在一定的商业风险。因此，如何提高企业知识信息的安全性和稳定性，是决定采用知识管理发展模式后应着重考虑的问题。同时，企业要想快速获取丰富且有效的知识信息，必须要加快科学技术的发展，为及时有效地开展知识收集、整理、分析及创新等活动保驾护航。

3. 生态系统发展模式

生态系统是指在一个特定环境内，生物群落及其环境之间不断进行物质和能量转换，彼此相互依存、相互作用而形成的一个整体。科技服务领域的生态模式是围绕着科技系统内各个主体，通过技术流动、资金流动、场地共享和设备共用等优势互补关系建立起来的生态系统，该模式通过共生竞合、动态开放的良性循环，推动技术创新和各主体协同发展。科技服务业的生态系统发展模式是复杂多变的，任何具有合作价值的主体都被允许进入该系统，该系统建立的前提是生态系统内各要素之间具有生态互补特性。本书将以我国"深圳湾"科技园区产业创新生态系统为例，从服务对象、服务内容和服务手段等三个方面对生态系统发展模式进行分析。

"深圳湾"科技园区产业创新生态系统位于我国首个国家创新型城市和国家自主创新示范区——深圳，该园区围绕着"圈层梯度、一区多园"战略，以产业生态为核心，构建世界级创新型产业集群，是一个真正具备生态系统所需产业资源的科技园区。"深圳湾"园区的产业生态系统基于深圳湾科技生态园、软件产业基地等核心园区，核心园区总面积近 1 200 万平方米，国内外园区总面积近 3 000 万平方米，致力于为园区企业及战略合作伙伴提供产业发展平台，打造创新资源集聚高地。产业生态运营是"深圳湾"生态系统的核心思想，而运营的核心都聚焦于全球顶级的战略性新兴产业和未来产业的资源整合和利用。

（1）服务对象。

"深圳湾"科技园区产业创新生态系统发展模式具有系统性、动态性、开放性和生态性的特点，汇集了可循环的各类人力、物力和财力等生态资源，在充分利用了信息生态资源的基础上对各资源进行合理配置，促使科技企业、信息消费者和信息环境之间相互作用、相互制约、相互促进。作为一个充满活力、良性互动、可持续发展的创新创业生态体系，其服务对象为科技服务业及其相关企业，包括了检验检测、金融担保、科技咨询等专业服务机构。科技服务业各细分业态在科研生态、产业生态、金融生态、人才生态和资源配置生态等方面形成多要素联动、多层面互动的局面。生态系统内各企业既有公平理性的竞争，又有共同发展的合作。

（2）服务内容。

"深圳湾"科技园区产业创新生态系统是一个和谐均衡的生态体系，它以动态的结构功能促进科技服务业生态环境的可持续发展。该系统主要由四大部分组成：产业子生态、科技服务业服务横向子系统、公共服务系统、电商服务平台等，各部分环环相扣、紧密相连，构成了一个完整的产业生态闭环，各创新要素之间形成一个稳定的具有特定功能的有机整体，各主体资源持续流动，循环发展。

在科技创新园区生态体系内构建的产业创新生态纵向子系统，是以高通、海航、腾讯、华为、北汽等龙头企业为主体，以园区内众多优质中小企业为配套所搭建的。这些科技企业既是对系统内各生态资源进行生产、传播和使用及深加工的活动主体，也是产业创新生态服务的受益对象。"深圳湾"科技园区产业创新生态系统中的专业服务横向子系统是由科技银行、科技担保、投资基金、专业服务、海外创新中心等优质专业服务机构组成，提供科技金融、技术创新、科学咨询等服务，技术、信息、资金等资源在这些服务机构中有效流动，循环利用。在深圳市政府的支持下，构建了包括政务服务、知识产权、人力资源、科技展示、公共技术平台等丰富内容的公共服务系统，充分发挥政府对科技服务业生态系统的支撑作用。同时，在利用园区内近100万名商务研发人员的基础上，打造了一批为产业生态系统提供优质办公及消费服务的电商平台。"深圳湾"产业生态系统将产业生态资源全部打通，创造了开放、多元、共生的科技服务业发展模式，形成了一个良性循环发展的生态环境，政府资源和产业链资源在生态系统的统一调度下得到了有效配置，实现资源对接和合作，服务于生态系统内各科技机构。

（3）服务手段。

"深圳湾"科技园区产业创新生态系统发展采用系统内各主体的资金循环、能量流动和信息传递等服务方式，促进了系统内部与外界环境之间的物质、能量和信息等要素交流，形成一个实现企业科技服务与科技需求合理匹配、有效运用的生态环境，各生态参与者以共同体的方式协同发展。相较于其他科技服务手段，生态系统服务手段具有全面性与专业性的综合特点，既考虑生态系统的平衡，又顾及各科技主体的特殊要求。

通过对"深圳湾"科技服务业生态系统发展模式的分析可知，相互依存、链条完整的生态系统的构建加快了科技资源的循环流动性，提高了科技服务的成功率与执行效率，科技服务的便捷性急速提升，满足了系统内各主体的科技需求，形成了一个极具产业价值的科技产地。同时，在生态系统内，通过持续的信息交流、技术交流及经验反馈活动，有利于培养既懂技术、又懂企业营销及管理等多种技能的复合型人才。但是，由于该系统具有复杂性，所包含的科技企业和科技要素资源众多，各主体寻找与自身条件契合的对接目标难度较大，且在寻找到目标企业后各主体能否有效且合理利用各要素资源也是该生态系统需要解决的重要问题之一。

5.1.3 典型科技服务业发展模式总结

科技服务业作为推动区域经济发展的重要产业，各发达国家和地区以自身经济社会发展实际为基础，探索出了一系列行之有效的科技服务业发展模式。本书接下来将对现有的几种典型模式及其特点进行总结（如表5-1所示）。

表5-1六种典型的科技服务业发展模式中，各模式分别从市场和政府的作用、平台支撑、知识管理和生态循环等角度出发，运用不同的服务手段，为服务主体提供多元化与差异化的服务内容，解决了科技服务业在发展过程中的市场驱动、政策支持、中介联盟、资源集聚、知识转化和能量循环利用等部分问题。此外，各典型的科技服务业发展模式都具有以下共同点：①各模式的服务对象都是科技型企业及其科技活动；②以科技创新为目标，推动科技成果迅速转化；③重视对信息、技术、人才和资金等资源的充分开发和合理利用。

但是，需要指出的是，各典型模式并不是适用于所有地区的科技服务产业发展，它们在运行过程中也存在着以下几点不足之处：

（1）现有模式主要是围绕着科技服务体系中的外部环境支撑、服务模块发展和创新资源汇集及循环利用等单一维度所提出来的，缺乏对科技服务业发展的系统性规划和思考；

（2）现有模式忽略了科技服务业的有序发展离不开业态（科技服务业细分业态）、产业（科技服务业的服务对象）和外部环境的全方位多维度协同这一事实，仅围绕单一要素所提出的发展模式无法实现江西省科技业的整体升级；

表 5-1　科技服务业典型发展模式比较

模式	服务对象	服务内容	服务手段	核心	不足	典型国家、地区或案例
政府间接支撑模式	有关技术创新的企业、研发机构	环境与机制建设和督导	市场机制导向，政府间接引导	环境宽松自由、公平竞争，发挥企业创新主体作用	市场监管难度较大，交易秩序难以控制	美国
政府直接干预模式	新兴技术企业	制定科技企业发展规划，提供各类科技服务和财政支持	政府全程参与，直接干预	"产、官、学、研"紧密联合，政府积极引导，重点扶植	政府干预过多，企业自主创新主体作用不能完全发挥	日本
市场驱动型联盟发展模式	科技型企业	创立科技互通中介服务机构，提供跨国技术创新合作	联合建立规模庞大的科技中介体系，帮助企业相互沟通	以市场为导向进行联盟发展，发挥科技中介作用	中介服务机构良莠不齐，管理难度大	欧盟
创新平台支撑模式	科技服务业各细分业及其活动	为平台内企业提供研发、转让、检测和基础设施等科技服务	建立各类科技服务平台、重点实验室和科技研究中心等	基础服务体系工具方法论体系的结合，平台支撑企业发展	众多的科技专利信息和创新资源难以辨别并合理利用	苏南国家自主创新示范区一体化创新服务平台等
知识管理服务模式	需要优质且持续的创新知识资源的科技企业	系统分析企业知识和客户资料，并提供科学的解决方案	对知识进行采集和深度挖掘	通过编码化、人格化的知识管理方式，为企业创新提供持续的知识资源	会涉及到重要客户资料等企业内部资源，有一定商业风险	泛微知识管理服务平台等
生态系统发展模式	科技服务业、企业、风险投资及其他机构	促使系统内各主体资源持续的良性循环，共同发展	资金循环、能量流动和信息传递等	系统内各要素具有生态互补特性，以共同体的方式协同发展	寻找与自身条件契合的企业难度较大	"深圳湾"科技产业创新生态系统等

（3）现有模式的地区针对性较强，江西省作为经济较不发达地区，由于产业基础薄弱、各类资源欠缺等原因，不能完全满足实施典型发展模式的条件。

为弥补上述典型发展模式的不足，并提出适合江西省科技服务业发展的模式，本书将在深入分析科技服务业发展机理的基础上，结合江西省科技服务产业发展现状及未来发展趋势和目标，从业态、产业和环境等综合视角系统性提出江西省科技服务业多维协同发展新模式。

5.2 江西省科技服务业发展目标

通过对江西省科技服务业的发展现状和SWOT发展战略分析可知，科技服务业作为区域经济发展的重要组成部分，对本省科技与经济综合实力的增强有着至关重要的作用。目前，本省科技服务体系尚未健全，科技服务机构规模小、专业化程度低，各服务主体之间协调不一致等，都影响着科技服务业的发展脚步。为减少科技服务产业发展的外部环境威胁，扭转科技服务产业发展的内在劣势，江西省科技服务业应该朝着"满足产业科技需求、提供专业科技服务、深度融合科技经济、引领产业结构升级"的目标前进，形成服务对象新型化、服务内容齐全化、服务方式多样化、服务水平多样化的科技服务体系，为增强江西省自主创新能力、提高科技推动经济社会发展能力奠定坚实基础。具体发展目标如下。

5.2.1 整合及共享科技资源

科技服务业源于科技资源的释放，而科技服务机构又是科技资源的聚集地。各地区的资源禀赋不同，种类有别，江西省虽在各市建立了高新技术开发区，拥有不少具有强大科技实力的高等院校、科研院所和研发机构，但由于产业发展条件不足，对技术、人才、知识和信息等科技资源整合及共享的能力较弱。

科技服务业作为各大创新主体进行研发创造、技术沟通、成果转化等互动交流活动的有效载体，要逐步建立起以科技企业为主导的技术创新体系，共同打造一个科技资源集聚共享平台。科技型企业要充分利用内外部的知识、人才、技术、设备、资金和信息等创新资源，加强各创新主体间的交流与合作，整合、共享科技资源，提升科技服务质量。要依托江西省十大战略新兴产业的发展策略，以市场为需求，围绕科技服务产业和新兴产业所形成的科技创新全链条，引导各创新主体充分发挥自身创新能力，将各类创新资源进行聚集、整合并且有效匹配，形成一个开放协作、高效运转、满足市场科技需求的科技服务体系，为其他重点行业技术创新提供系统专业的科技服务，科技服务市场化竞争力明显增加，江西省区域经济效益明显提高。

5.2.2 加快技术转移与信息传递

技术转移活动是科技成果市场化和社会化的关键环节，是促进新技术、新产品、新工艺以及公共技术等科技成果推广的重要举措。技术转移活动的成功与否，关系到战略新兴产业领域能否突破和掌握一批核心关键技术，形成一批拥有自主知识产权和自主品牌的高端产品。要基本建立起科技服务机构与企业、各大高校和科研机构间的良性互动机制，促进技术转移和成果推广转化，把江西省建设成全国知名的技术成果集散地和技术（知识产权）转移示范区。为了给企业提供面向市场的跨区域、跨领域、全方位的中试、技术熟化等技术转移集成服务，科技服务机构要充分发挥各类技术进出口贸易交流会、高新技术成果交易会、知识产权转移转让交易会等在技术转移过程中的作用，帮助江西省技术转移机构不断创新服务模式。

社会中获取信息及传递信息的方式多种多样，科技信息良莠不齐，企业如何在海量信息中快速寻找到符合自身需求的科技信息资源是影响企业发展的重要问题。与其他组织机构相比，科技服务机构在获取技术和知识信息等方面有较大的专业优势，能够弥补科技资源在技术转移中所产生的时效性与随意性问题。加快科技信息传递速度，要加强一批技术先进、功能齐全、设备完善的科技创新服务公共平台的建设与完善，不断引入国家科技成果信息服务系统、中国知网镜像系统等多个科技最新前沿信息系统，有效实现各种科技信息"一站式"跨库检索查询服务。加快新兴技术信息的传播速度，旨在确保为我省战略新兴产业提供更加优质有效的科技信息，帮助企业准确快速地把握市场动态，迅速做出有利于企业发展的科学战略。

5.2.3 加大科技创新投入

在前文分析江西省科技服务业发展水平评价和影响因子时，我们发现政府行为对科技服务业的发展影响因素最大，政府对产业发展投入的力度越大，所创造的经济社会效益就越高。目前，江西省政府对科技创新的投入较少，科技创新经费不足，高校、研究机构及企业的研发人员受条件限制，自主创新能力不强，这些因素严重制约科技服务业的发展。

为推动科技服务业的良性发展，科技创新投入比例要有大幅度增长。到2020年，全社会研发投入占GDP比重要达2.5%，高新技术产业增加值占工业增加值的比重在40%以上，科技进步贡献率达到60%，若干重点领域科技水平将进入全国先进行列，使江西省成为创新型省份。为此，要加强对科技创新的投资力度，加大R&D经费支出，建立起政府、企业、社会三者相结合的科技创新投入体系：以政府资金为牵引，加大对科技型企业自主创新的财政支出；企业成为科技投入的主体，致力于研究开发出满足市场需求的技术产品与专业服务；同时要利用社会各界力量和资源,开展以民间资本为主的投资融资活动,实现社会关注、资金集聚的态势,社会整体创新能力大幅增强,使科技服务业成为江西省科技与经济有效结合的重要引擎。

5.2.4 推动科技服务业态与产业协同发展

发展科技服务业是国家实施创新驱动发展战略、建设科技创新体系的关键组成要素,同时也是江西省推进产业结构优化升级的重大战略决策。随着社会对创新需求的不断扩大,由于科技服务的特殊性,它们所创造的价值无法直接体现,需要依托某些具有发展前景和发展潜力的产业的帮助,通过参与到产品的开发、推广及应用等一系列过程中去的方式,在产业间的协同合作中实现其存在的意义与价值。所以,科技服务业的发展不仅需要科技细分业态间的相互合作,也需要各科技业态与战略新兴产业间协同创新,驱动发展。

建立一批具有科技服务品牌效应、服务功能齐全、服务范围广、服务水平高的科技服务机构,并向专业化与规模化方向发展,努力扩大江西省科技服务机构创新团队。围绕江西省十大战略新兴产业发展需求部署科技创新链,将科技创新链上的科技资源服务于产业链各个环节中,促进科技成果的产生、传播和应用。在重点产业领域掌握核心技术,催生一批行业领军型企业。利用各科技服务机构所掌握的专业技术和各类创新资源,为各重点产业的发展提供技术搜集、评估、检测和推广等服务,大幅度提高科技服务产业和战略新兴产业增加值,并提升主营业务收入占全省规模以上工业增加值和主营业务收入的比重。只有推动科技服务机构在全球创新的浪潮中积极进行技术改进和变革,提高跨界整合能力,培育一批知名品牌的科技服务机构和龙头企业,才能推动社会整体创新,为江西省科学发展、进位赶超、绿色崛起奠定坚实的基础。

5.3 江西省科技服务业多维协同发展模式

5.3.1 多维协同发展模式的内涵

通过对江西省科技服务业发展现状的研究发现，江西省科技服务业各业态都有一定发展，已初步形成了一小批具有实力和规模的科技服务机构，但整体的专业化程度低，创新力不足，制约了产业的发展。对于江西省科技服务业而言，现有的科技服务业典型发展模式有部分缺点需要改进：①现有模式只是围绕科技服务体系某一要素、某个环节或某一模块所制定的，并没有以科技服务业的系统构成为基础进行系统性、多维度的研究；②忽视了细分业态互动、与重点产业的耦合关系及外部环境支撑等综合因素对科技服务业所造成的影响；③提出的产业发展模式要能够更加契合江西省科技服务业实际发展现状，具备可操作性。为做大做强江西省科技服务产业，尽快达到本省产业发展目标，本书科技创新链的视角出发，以江西省实际发展条件和科技服务业发展机理为基础，提出具有系统性特征的多维协同发展模式，全方位推动产业升级。

多维协同发展模式是指科技服务业各细分业态、重点产业和外部环境等三个维度进行由内而外的协同发展，通过推动各创新主体之间的深度合作，有效集成和充分释放技术、信息、人才、设备、资金和知识等创新资源及创新要素，推动科技协同创新，促进科技服务业发展的一种新模式。该模式主要由"科技服务细分业态互动—与重点产业耦合—宏观外部环境支撑"三个部分所构成。科技服务业多维协同发展模式的核心思想是"资源集聚整合，主体协同共进，科技推动创新"，其内在要求是通过业态、产业和环境的协同互动，共同推进科技创新驱动能力和效率提升，其最终目标是推动社会创新和经济发展，为建设富裕和谐秀美江西提供强大的科技支撑。

在多维协同发展模式中,科技服务企业和重点企业在价值创造活动的边界相互交叉,科技服务企业的价值创造活动提高了重点企业的产品附加值,同时科技服务企业的价值创造空间也得以拓展,外部环境的各种支撑也为科技服务企业和重点企业提供发展保障。科技服务产业链上中下游的各服务机构和与之相关的战略新兴产业相互依赖、相互融合、环环相扣,创新要素得到流动,实现了资源和优势互补,科技服务机构的自身价值得到体现。

5.3.2 多维协同发展模式的特征

科技服务业多维协同发展模式有以下特征:

(1) 系统性。科技服务业多维协同发展模式的系统性是强调科技创新服务主体、科技创新资源、科技创新服务受益者和科技创新环境的一体化,各行为主体要素构成了一个统一稳定的有机整体。在多维协同发展模式的系统内部,各要素相互影响,相互促进,优势互补,共同构建一个和谐的科技服务业多维协同系统。

(2) 协调性。协调性是科技服务业多维协同发展模式的显著特征。在这个发展模式中,强调各行为主体之间为适应不断变化的产业发展环境,彼此之间进行有效互动和交流,加快配置和流通各类科技创新资源,模式内各要素根据产业发展环境变化不断调整、适应,以达到一个稳定的状态。多维协同发展模式就是以协调的结构功能促进科技服务业发展。

(3) 开放性。开放性源于多维协同发展模式注重科技服务业与战略新兴产业的交流与合作。产业之间的科技资源和创新活动彼此交叉,加之产业发展外部环境的影响,有利于实现内部信息、技术、知识、设备等创新要素之间的共享。一个开放的发展模式有利于加强模式内各行为主体和创新要素的活力。

5.3.3 多维协同发展模式的框架

科技服务业多维协同发展模式的框架主要由行为主体、资源和活动等三个方面构成，如图5-1所示。

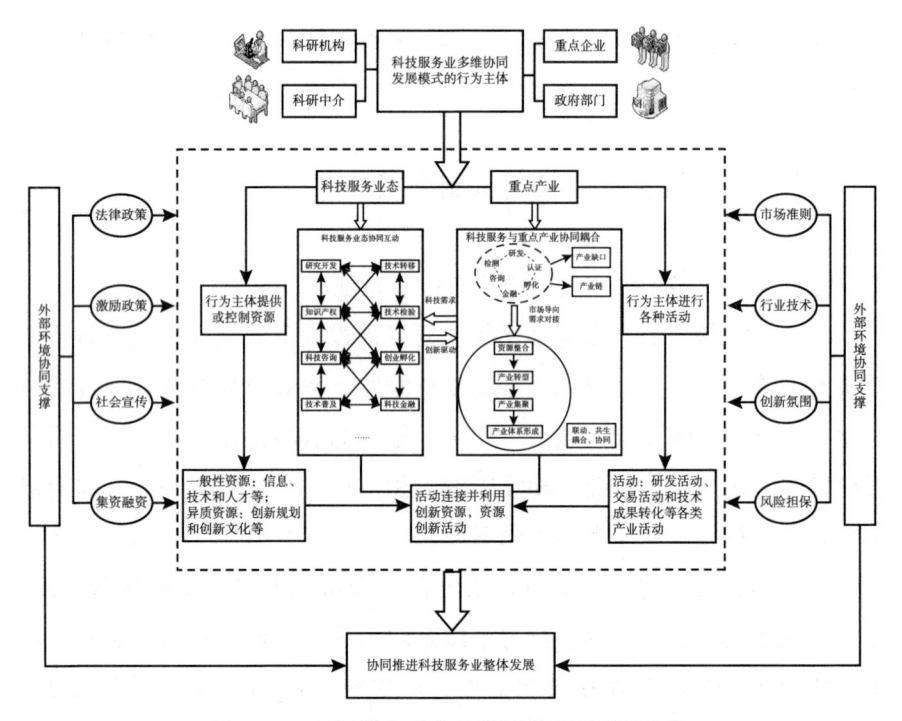

图5-1 科技服务业多维协同发展模式的框架

1. 多维协同发展模式的行为主体

科技服务业多维协同发展模式的行为主体是与科技服务业相关的各类科技服务细分业态、产业链上的各节点企业和政府部门，主要包括科研机构、科技服务中介、科技金融机构、科技型企业、作为接受科技服务配套设施的相关重点企业和政治机构等。各行为主体是各类资源聚集和活动开展的组织者、受益者和保障者。

在多维协同发展模式中，科技服务业领域内的细分业态以科技创新为核心，利用彼此之间存在着隐形或显性、直接或间接等关系，为其他业态分别提供技术开发、产品检测认证、技术转移、知识产权保护、科技咨询和金融担保等专门服务，各细分业态进行多向互动协作发展，共同提升科技服务系统内部创新水平。而作为接受科技服务的重点产业，其产业链上的各节点企业与科技服务业各业态之间融合协同发展，能够衍生具有高效益的新工艺与新业态，发挥科技服务业的价值。这是一个动态耦合的过程，科技服务各业态利用自身专业知识与技术，为重点产业不断注入科技创新活力，而重点产业的科技需求逐渐加强将推动科技服务业各组织的进一步发展。两者联动共生，协同耦合。与此同时，政府部门能为科技服务业和重点产业这两个行为主体提供政策、法律、金融和市场等一切产业发展的外部环境保障。各个主体都在多维协同发展模式中发挥着不可替代的作用，通过知识、技术、产品、服务和价值等相互流动而产生吸引力，彼此之间交叉协同，促使该发展模式产生最大的效应。

2. 多维协同发展模式的资源

资源是各产业活动顺利开展的基础与关键，拥有资源意味着拥有市场竞争力。产业发展过程中的资源既包括知识、人才、技术、资金、信息、仪器设备和实验基地等一般性资源，也包括了产业发展科学战略、创新发展规划、系统结构和创新文化等异质资源。在市场多种力量的干涉下，没有相关产业提供帮助，其他产业想要获取这些稀缺的、无法替代的科技创新资源是很困难的。

科技服务业各细分业态本身具有众多的创新资源，不仅内部之间相互流通共用，以促进各科技服务业态的内部协同，也可为重点产业提供相应的专业资源。而多维协同发展模式中的重点产业能够对这些创新资源进行融合、筛选和深度挖掘，并结合自身产业发展特性进行特殊化管理和采用，帮助科技成果快速市场化与社会化，同时也控制着科技创新资源为本产业所服务，使之更加具有市场竞争性。通过对模式内创新资源的整合，重点产业的科技密度将会增加，产业转型的速度加快，产业之间的联动发展促进了产业集聚现象的发生，由此所形成的新的产业体系也将成为市场经济中一个重要部分，这也是科技服务业与重点产业协同发展的产物之一。

外部环境除了能够适时提供科技服务产业宏观发展规划、权威科学信息和部分产业发展资金等资源外，政府法律法规的引导、创新激励体系的鼓励、社会环境营造的科技创新氛围和市场经济的行业技术导向等都将进一步提升整体创新水平，产业链与价值链均得以发展，有利于提高科技创新相关服务机构及重点企业的市场竞争力。

3. 多维协同发展模式的活动

多维协同发展模式内各行为主体之间的技术、信息、知识和资金等经济活动产生的相关作用，形成了一系列知识互动网络、技术合作网络、外部支撑网络和价值网络等。此模式强调以市场机制为基础充分发挥科技服务主体的能动性，同时由政府适度引导且提供产业发展保障机制，多方面的支撑力量推进科技服务业协同发展。

在多维协同发展模式中，科技服务细分业态间依托各服务主体所拥有的相关创新资源进行深度沟通与纵向关联，彼此之间的知识、技术等相互作用，优势互补，可加快科技成果转化活动的进程。此外，该模式内的科技服务业通过对重点产业科技需求的有效把控，可实现两者的基础对接；以技术、信息、人才和资本等为载体，搭建科技服务业与重点产业的耦合共生平台，科技服务机构可以全方位的参与重点产业的生产营销活动中，弥补重点产业在产品研发、技术检测和管理咨询等方面的缺口，有效发挥科技服务业在重点产业发展中的关键作用；通过两者之间的技术研发、知识转移和市场交易等活动，促进新型产业链的形成。同时，宏观外部环境所进行的一些活动也将推进科技服务业自身发展及与重点产业的融合发展，如政府颁布产业规划政策、银行提供融资担保和科技交易市场制定入市准则等。

需要指出的是，在整体活动层面，科技创新的溢出效应是起主要作用的。通过科技服务细分业态之间的互动、科技服务业与重点产业的耦合和外部环境对科技服务的支撑活动，各种资源和生产要素的组合等都会激发科技创新的本能，衍生产品的科技价值。所有的科技创新活动都将会逐步改变多维协同发展模式的结构和形态，这也是科技服务业和其他与之相关产业发展的主要驱动力。

以科技服务系统构成为基础构建的科技服务业多维协同发展模式实质上是科技服务细分业态、重点产业和外部环境三者之间的相互配合、相互依存和相互进步。各行为主体立足于科技服务业的服务内容，将科技创新资源应用于科技服务业内部结构和重点产业的联动发展，资源的快速流动将带来更多的创新活动，而宏观环境则是一切创新资源合理利用和科技活动顺利开展的保障。从根本上来说，多维协同发展模式更有利于创新技术的扩散性与外溢性，推动科技服务业整体发展。

5.3.4 多维协同发展模式的运行机制

科技服务业多维协同发展的运行机制是模式内各组成部分或各要素之间相互联系、相互制约的运作方式。针对江西省科技服务业实际发展现状，在分析科技服务业运行机理和发展模式的基础上，本书认为科技服务业多维协同发展的运行机制是主体互补机制、要素协同机制和行为调控机制三者的有机结合。

1. 主体互补机制

主体互补机制主要是指科技服务业多维协同发展中的各行为主体之间优势互补、协同共进的运行规律。根据科技服务业多维协同发展的特性，互补运行机制可分为平行互补与交叉互补两种类型。平行互补类型主要是指科技服务系统内各参与主体，从自身和对方相同的优势资源出发，从各个角度实现资源互补、技术互补、知识互补、市场互补、资金互补等。交叉互补类型主要是指互补双方从自身劣势出发，寻找能够弥补自身缺陷的并具有行业领先优势的合作伙伴，与之形成互补关系。

科技服务业多维协同发展的主体互补机制如图5-2所示，多维协同发展有一个共同的目标：各行为主体集中优势力量，努力形成一个协同攻关、共谋利益、共创多赢的发展局面。科技服务业多维协同发展中存在着各创新要素和科技力量分布不均等情况，如各科技细分业态之间的专业服务内容差别、科技服务业与战略新兴产业之间的创新技术和资源差异、企业与政府间的调控力度不一等。正是由于这些差异的存在，各要素在多维协同发展运行过程中形成了互补机制。一方面，在科技服务业内部，各细分业态在科技资源创新、共享及各类活动中，服务功能相互交叉，相互利用对方的专业服务内容满足己方科技需求。另一方面，科技服务业与重点产业相互依托，各取所需，共同进步。在产业推动社会进步的同时，政府等公共组织机构也随时为两产业的发展补充外部能量。这些行为主体之间的相互关系都决定着科技服务业多维协同发展互补机制存在的必然性和重要性。

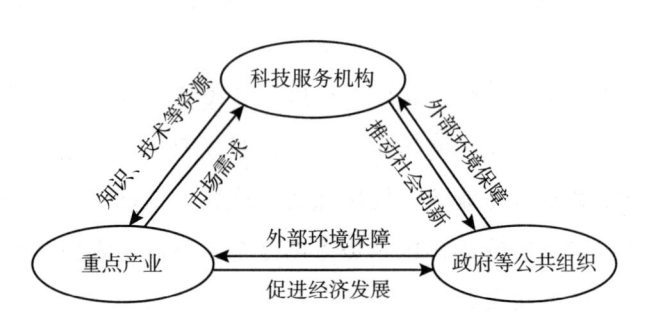

图5-2　科技服务业多维协同发展的主体互补机制

科技服务业的快速发展需要科技服务系统内在机制的推动，采用的多维协同发展能够充分调动科技服务业各细分业态、战略新兴产业和政府公共组织等行为主体，合理配置各流动资源，满足各参与主体的发展需求，最终保障科技服务业的整体收益。科技服务业多维协同发展的互补机制可用以下函数表达：

$$P = f(T, D, E) \qquad (5-1)$$

$$P_1 = f(D, E) \quad (5-2)$$
$$P_2 = f(P_1, E) \quad (5-3)$$
$$P_3 = f(P_1, P_2) \quad (5-4)$$
$$P = P_1 + P_2 + P_3 \quad (5-5)$$

其中，P 表示科技服务业收益；

T 表示科技服务水平；

D 表示市场科技需求；

E 表示产业发展外部环境支撑能力，如政府、行业协会等公共组织等；

P_1 表示科技服务各细分业态的收益；

P_2 表示战略新兴产业的收益；

P_3 表示政府等公共组织的收益。

科技服务水平的高低是决定各参与主体收益的关键。因此，当各参与主体内出现了技术、知识等科技资源不足时，就需要科技服务机构的帮助。市场需求永远都是推动产业组织发展和增加效益的根本动力，只有提供经济市场上所需要的产品或服务，各活动主体才能获得较大效益，特别是战略新兴产业的结构升级对科技的需求极为迫切。产业发展的外部环境包括科技服务基础设施建设力度、科技传播推广能力、社会创新风气等隐性环境因子，也包括产业政策、金融措施和法律法规等显性环境因子，这些外部环境可以满足科技服务业与战略新兴产业发展的软件及硬件要求。在科技服务业多维协同发展模式内，提高科技服务业收益是发展科技服务业的最终目标，科技服务业收益是科技服务各细分业态、重点产业和公共组织的收益之和，主体互补的运行机制就是为了实现系统内科技服务业收益最大化，各参与主体能够以一种资源互补的态势共同进步。

2. 要素协同机制

由于科技服务活动存在着复杂性与不稳定性，所以只有模式内各要素（系统构成主体及资源）进行有机结合、协调统一，才能适应模式内外部发展环境,实现科技服务业协同发展。要素协同机制是科技服务业多维协同发展重要的运行机制,它是指模式内各要素相互影响、相互制约、相互作用使得整体效益最大化的运行机制。如图5-3所示,科技服务业多维协同发展的要素协同机制可分为科技服务业内部协同和外部协同,贯穿于科技成果从研发到推广应用的整个过程,由内部运行流程的重组上升到与其他产业的协作,直至外部环境的交叉关联,这种要素协同机制一直强调了整个模式的统一性与协调性,使得科技服务业能够有序并稳定发展。要素协同运行机制保证了科技服务业各细分业态间的技术与信息等共享,科技服务业与战略新兴产业之间相互依赖,外部环境能够对各产业进行引导控制。

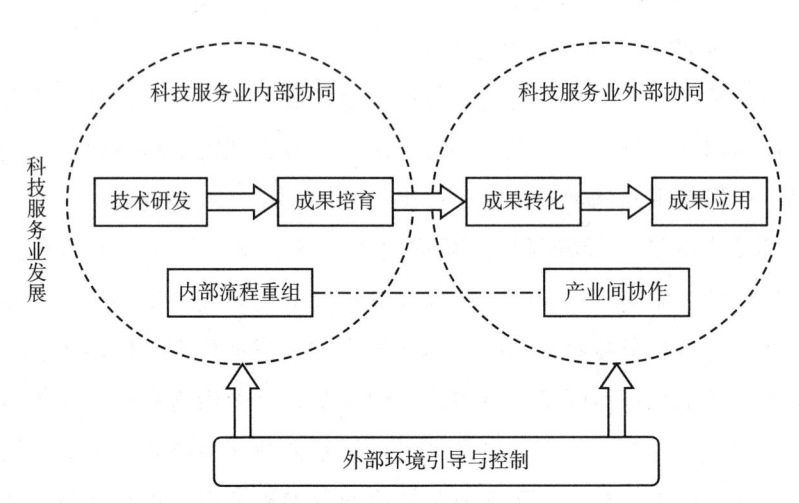

图5-3 科技服务业多维协同发展的要素协同机制

科技服务业的发展需要把模式内所有科技创新活动主体、技术、信息、人才、知识和活动等各个要素进行整合,实现整个模式协调、开放的良性局面。接下来本书将以科技创新链为线索对科技服务系统的要素协同运行机制进行简要分析。

首先,在科技服务业面向市场需求时,各科技服务机构与重点产业相关成员明确了市场现有的科技资源和科技投入后，同时在以政府部门为主的外界环境支持下，科技服务业所创造效益之和的最大值即为整体最优解。在科技创新链中，整体效益的最优值是确定存在的。

整体最优解定义为：

$$P^o = \max s \sum_{i=1}^{n} u_i(S)$$

其中 S 是科技创新链的科技细分业态、重点产业及外界环境支撑等各要素组成的向量，从决策向量到实数集合的映射 $u_i(S):S \rightarrow R$ 表示创新链上的科技服务业所获得的整体效用。

其次，个体满意是指科技创新链上的每个成员包括科技服务细分业态、新兴企业和政府部门所获得的效用都不小于各方在非合作博弈下的 Nash 均衡效用。

$u_o = (u_{10}, u_{20}, \cdots, u_{no})$ 表示非合作博弈下的 Nash 均衡效用。

u_{io} 是科技创新链每个成员 i 达到个体满意程度的下限。

科技创新链上各成员组成的 n 维向量 u_{ic} 是"个体满意解"，当且仅当该向量的各个分量都不小于 u_0 中相应的各个分量，即 $u_c = (u_{1c}, u_{2c}, \cdots, u_{nc})$ 满足 $u_{ic} \geq u_{i0}$，$i = 1, 2, \cdots, n$，u_c 表示个体满意解集合。

最后，在科技创新链中，各成员在个体效用满意的前提下达到整体效用最大化的协同状态时，各成员的个体效用组成的 n 维向量即为本书的协同解。

n 代表科技创新链的三大主体：科技服务细分业态及机构、战略新兴产业和以政府为代表的公共组织。

创新链各成员的效用组成的 n 维向量 $u_s = (u_{1s}, u_{2s}, \cdots, u_{ns})$ 是科技创新链的协同解。当且仅当 $\|u_s\| = p^0$ 且 $u_{s \in} U_c$。

所以，一个效用向量的协同解必须满足以下三点要求：①特定场合下纳什均衡支出；②各分量之和等于整体最优解；③各分量不小于各自的纳什均衡效用。

在科技服务业多维协同发展模式内，科技创新链上的科技服务机

构、战略新兴企业和政府等公共组织的个体满意解都是个人理性支付条件下的纳什均衡支出，纳什均衡支出向量的第 i 个分量是参与主体 i 在给定其他参与主体采取措施的基础上的最优支出。科技服务业整体最优效用表现在：科技服务细分业态的专业能力＋重点产业间协作＋外部环境给予的政策金融支持＝三分量之和。在多维协同发展模式里，科技服务业细分业态在新兴产业组织和公共组织的督促与推动下，通过内部结构升级等方式不断完善自我，而此时依托于科技的新兴产业的个体均衡效用也在增加，公共服务部门由于科技创新的发展和产业资金的支持，内部运作效率提高，各参与主体的满意效用度将提升，各自的纳什均衡效用均大于各分量。在多维协同发展模式内，科技服务细分业态、战略新兴产业和政府等公共组织间存在着一种长效合作机制即要素协同机制，使得纳什均衡效用为科技创新链上的协同解，即 $\|u_s\| = p^0$。

3. 行为调控机制

科技服务业的稳定发展与其各细分业态、战略新兴产业和外部发展环境等多种因素息息相关，要想让多维协同发展模式内所有创新活动主体及要素达到一定的平衡状态，行为调控机制必不可少。如图 5-4 所示，本书将科技服务业多维协同发展的行为调控机制分为过程调控和结果调控两种类型。在科技服务业多维协同发展过程中，如果出现了异常行为并偏离最初的发展轨道时，需要行为调控机制来调整各行为主体的现有状态和方向使之恢复正常，及时对各类创新资源进行科学合理的配置，把控未来产业发展态势。对于已发生并造成了较大影响的异常行为活动应及时采取机动性调控，尽最大努力把对模式内各要素的不良影响程度降到最低。

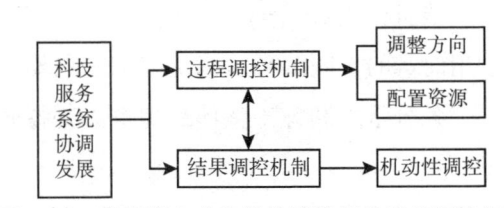

图 5-4 科技服务业多维协同发展的行为调控机制

对于科技服务业多维协同发展的行为调控机制，本书将用简单的函数曲线图来分析过程调控和结果调控对异常行为出现时的调控速度与力度，如图 5-5 所示。

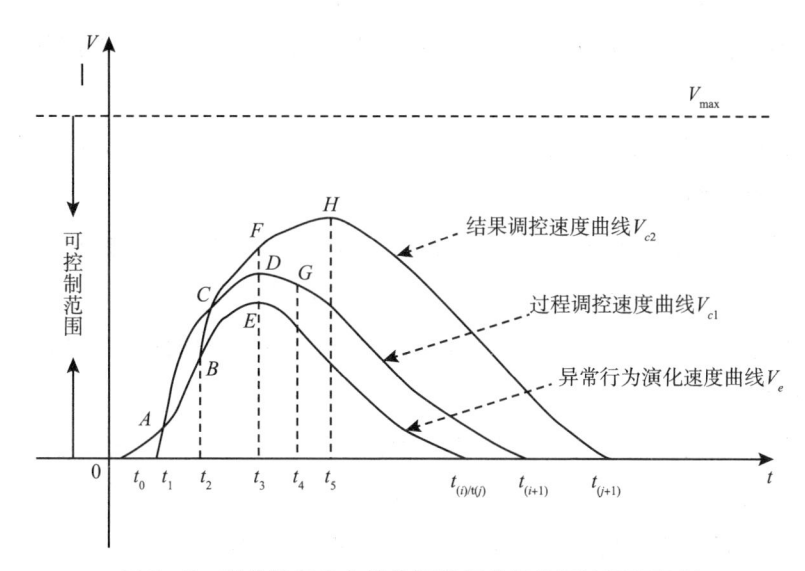

图 5-5　科技服务业多维协同发展的行为调控运行机制

首先，本书对以下几个名词进行概念界定：

过程调控：指当科技服务系统内一旦出现了异常行为并偏离最初的发展轨道时，行为调控主体将采取与发展态势实时速度相同的调控速度来调整各组织现有状态和活动，及时对行为调控对象进行控制的过程。

结果调控：指当科技服务系统内已经发生了的异常行为对系统内各主体造成了极大影响时，系统的行为调控主体为弥补损失，把不良影响度降到最低，采取各种调控方式对行为调控对象进行调控的过程。

行为调控主体：各科技服务机构、重点发展企业、政府等公共组织。

行为调控对象：发生异常行为需要及时调整状态的创新主体、创新资源、创新活动等。

行为调控方式：调整战略方向、加强管控力度、合理配置资源、政府强制力约束等。

异常行为：指在多维协同发展过程中，出现了科技资源浪费、产出效益不佳、技术创新能力止步不前、创新主体发生矛盾等偏离最初发展方向和战略目标的行为，我们称之为异常行为。

不可控阈值：多维协同发展过程中出现的异常行为不能被控制的最高值。

在图 5-5 中，横坐标 t 轴表示服务系统内异常行为的演化时间和发展态势的调控时间；

纵坐标 V 轴表示异常行为的演化速度和发展态势的调控速度；

直线 $V=V_{max}$ 表示异常行为发展态势的不可控阈值；

V_e 表示异常行为演化的速度曲线，它与 t 轴围成的面积是异常行为的演化强度；

V_{c1} 表示发展态势的行为调控速度曲线，V_{c2} 表示发展态势的结果调控速度曲线，它与 t 轴围成的面积是发展态势的调控强度；

异常行为开始演化时间为 t_0，行为调控开始时间为 t_i/t_j。

整个行为调控过程可分为行为识别、强力调控、缓和稳定三个阶段。

在行为识别阶段中（t_0-t_1），t_0 点科技服务系统内异常行为开始演化，出现了科技资源配置不均、发展不平衡等现象。在 t_1 时刻多维协同发展模式中，过程调控机制开始运行，科技服务系统内的调控主体已知悉行为发生的相关征兆并进行有效识别，结果调控机制还未意识到科技服务系统已发生异常行为。在这个阶段中，异常行为的演化速度加快且占据优势地位，出现了服务对象混乱、服务质量差等严重问题，演化速度在 t_1 时从 0 提高到 A 点的 V_{et_1}。此时，系统的调控还未开始，其速度和调控强度为 0，科技服务系统异常行为的演化呈逐渐递增趋势，威胁程度在不断增加。

在强力调控阶段中（t_1-t_5），多维协同发展模式内过程调控机制和结果调控机制分别有两种不同的行为表现。

A. 过程调控机制：行为调控主体在 t_1 时开始采取限制行为对象滥

用科技资源、取消经济支持等一系列措施，初始调控速度为 $V_{c1t_1} = V_{et_1}$，并逐渐增加，且调控速度高于行为的演化速度。t_1 到 t_3 的时间段里，过程中的调控程度（t_1ADt_3 围成面积）大于异常行为的演化程度（t_1At_3E 围成面积），异常活动的演化加速状态被控制，同时活动演化和行为调控的加速度分别达到最大值，$a_e < a_c$，并在 t_3 时刻逐渐降低。在 t_3 时刻，异常行为的演化速度达到最大值 V_{emax}，对异常行为的调控速度此刻也达到最大值 V_{cmax}。随后科技服务运行系统开始减速调控，在 $t_3 - t_4$ 中，异常行为的演化已被完全控制。

B. 结果调控机制：行为调控主体在 t_1 时无任何措施，直到异常行为的危险程度发展到已威胁了科技服务系统的正常运行时，在 t_2 时开始采取强力控制手段，如限制部分科技服务业企业开展经营活动、进行企业重组等。异常行为的演化加速度 a_e 在 t_3 点为 0，演化速度达到峰值 V_{emax}，此时结果调控机制刚采取措施不久，结果调控程度（Ct_2t_5F 围成的面积）小于异常行为的演化程度（At_0t_3E 围成的面积）。由于结果调控措施滞后，调控速度在 t_5 才达到峰值 V_{cmax}，此时异常行为的演化被完全控制，但时间延迟 $t_5 - t_3$。

在缓和稳定阶段中（$t_3 - t_{i+1}$）、（$t_5 - t_{j+1}$），无论是在过程调控还是结果调控，科技服务异常行为的演化和两种行为调控均呈减速运动，活动的演化速度在 t_i 时降到最低值 0，态势调控速度在 t_{i+1}/t_{j+1} 时也降到最低值 0，这时科技服务系统内部趋于稳定。

通过分析行为调控机制的函数曲线图可知，在科技服务业多维协同发展模式内，过程调控和结果调控的速度与作用对异常行为的演化程度有很大程度影响，由于结果调控是后期发力状态，为了能快速抑制异常行为的发展态势，其调控速度远远大于过程调控速度。行为调控机制是使得科技服务业系统能够协调发展、开放共享、充满生机的重要运行机制，它是补充科技创新资源、排除干扰行为的有效手段。

5.4 本章小结

本章在概括现有科技服务业发展模式的基础上，首先对各典型模式的特征进行了归纳总结，并提出了江西省科技服务业的发展目标。其次，为实现江西省科技服务业发展目标，提高本省自主创新能力和科技成果转化能力，从业态、产业和环境等三个角度系统性提出了"细分业态互动—与重点产业耦合—宏观外部环境支撑"的科技服务业多维协同发展模式。多维协同发展模式是通过推动各创新主体之间的深度合作，有效集成和充分释放技术、信息、人才、设备、资金和知识等创新资源及创新要素，推动科技协同创新，促进科技服务业发展的一种新模式，具有系统性、协调性和开放性等典型特征。最后，从行为主体、资源和活动等方面分析了多维协同发展模式的框架，并构建了该模式的三种运行机制。

第 6 章

江西省科技服务业协同发展影响因素

在前一章中,本书从业态、产业和环境等维度系统性提出了江西省科技服务业"细分业态互动—重点产业耦合—外部环境支撑"的多维协同发展模式。在此基础上,还需要理清影响江西省科技服务业协同发展的关键因素,以关键影响因素为切入点,才能有的放矢的推动科技服务业的协同发展实践。由于科技服务业内部细分业态较多,与其他产业的耦合关系也较为紧密,其协同发展过程具有复杂性,为聚焦研究重点。本章所描述的科技服务业"协同发展"是指科技服务业内部各个细分业态之间的协同,而将科技服务业和重点产业的耦合关系转为外部支撑关系。本章以产业发展理论和战略联盟理论为基础,借鉴国内外相关研究成果,结合江西省产业结构和科技服务业发展现状及特色,从细分业态专业服务能力、主体连接性、资源互补性等多个方面对影响江西省科技服务业协同发展的因素进行全面研究。

本章首先从服务主体协同程度和协同关系可持续性两个维度对科技服务业协同发展的概念形成阶段进行简单界定和解释,并从内部因素(细分业态专业服务能力、主体连接性、资源互补性)和外部因素(政府支持、产业支持、社会支持)两个方面提出影响科技服务业协同发展的理论假设。然后,基于问卷调查所获得的数据,通过结构方程模型等实证研究方法对提出的因素假设进行验证。

6.1 科技服务业协同发展影响机理模型构建

6.1.1 科技服务业协同发展的概念界定

近年来，江西省逐步将科技服务业作为实施创新驱动发展战略的重要支撑，在研究开发、技术转移、检验检测认证、创业孵化、知识产权和科技金融等科技服务业细分业态取得了一定成绩，科技服务业也逐渐成了促进江西省科技经济深度融合、引领产业（特别是战略性新兴产业）结构优化升级的重要支撑性产业。然而，与国内科技服务业发展较快的省份和地区相比，当前江西省科技服务业发展水平仍处于初级阶段，其中一个重要原因就是科技服务产业链条不完善，各业态之间信息不对称现象较为严重，未形成全链条协同发展。

所谓协同是指各要素之间保持有序性与合作性的状态和趋势。结合张飞等的前期研究成果，本书将科技服务业全链条协同发展划分为两个基本阶段，即协同关系的"产生"和协同关系的"维系"。其中，科技服务业协同关系的"产生"，主要是指全产业链中各个细分业态的服务机构，通过科技服务方面的资源共享、技术合作和经验交流等，实现协同关系的确立；科技服务业协同关系的"维系"，主要是指在协同关系已经形成的基础上，通过长效机制的建立，进一步维系和巩固，并有机会扩大协同合作的领域，实现深度融合。

在本章的研究中，以服务主体协同程度表征协同关系是否"产生"，以协同关系可持续性来表征协同关系是否可以"维系"。服务主体协同程度主要描述各个服务机构之间现阶段的状态，并且协同关系的产生可能是主动的，也可能是被动的；而协同关系可持续性则侧重描述各个服务机构之间未来的状态，并且各个服务机构应该是自愿、主动、积极维系这种协同关系的。

6.1.2 相关假设及模型构建

1. 内部因素：细分业态专业服务能力

在协同发展关系中，每一个合作主体都应该具备足以支撑自己完成协同工作的能力，并掌握一定的独特资源。科技服务产业链上中下游的科技服务机构相互依赖、相互融合、环环相扣，只有科技服务链上一层次的价值实现了，价值产出作为原始投入加入下一层次的转化过程中，创新资源要素才能顺利流动[76]。任何一个科技服务机构都希望其他细分业态合作伙伴能够在整个产业链条中做出实质性贡献，并实现资源和优势互补，而各个服务机构自身具备的专业服务能力是其必要条件。因此，本研究提出如下假设：

H1a：细分业态专业服务能力对服务主体协同程度有显著影响。

H1b：细分业态专业服务能力对协同关系可持续性有显著影响。

2. 内部因素：主体连接性

协同关系的建立，需要经历多个阶段，包括收集相关组织及其能力的信息、识别潜在的合作伙伴和合作机会、进行初步的接触和协商等。如果一个组织对其他组织没有足够的认识和了解，或者在日常运营中没有任何往来，就难以识别潜在的合作伙伴，而对方也未必愿意与之合作。换言之，各个细分业态科技服务机构之间只有保持日常的接触和联系，加深彼此之间的了解和信任，当出现协同合作机会时，才能够迅速地寻找并识别合适的合作伙伴；而在协同关系中，更应该加强这种联系，才能使彼此之间的合作更加紧密。因此，本研究提出如下假设：

H2a：主体连接性对服务主体协同程度有显著影响。

H2b：主体连接性对协同关系可持续性有显著影响。

3. 内部因素：资源互补性

随着专业化分工的不断细化，一个组织不仅需要专注自己的核心业务，同时也需要获取外部的优势资源来支撑组织的发展。在协同发展关系中，每一个合作主体都可以有独特的机会获取伙伴的优势资源，通过资源的相互利用，既能够提升自身实力，又能够更有效地应对社会挑战。而科技服务业各个细分业态依附并嵌入科技创新链的各个环节，进行专业化分工和多向协作互动，使相互之间的资源依赖更加明显，各个科技服务机构也期望在协同发展过程中，获得更多的外部资源作为有益的支撑条件。因此，本研究提出如下假设：

假设 H3a：资源互补性对服务主体协同程度有显著影响。

假设 H3b：资源互补性对协同关系可持续性有显著影响。

4. 外部因素：政府支持

政府拥有其他经济组织所不具备的强制力。在科技服务业发展过程中，政府的规划和扶持是不可忽视的外在因素，税收优惠、财政支持、市场准入、创新战略等往往为科技服务业的形成和发展构建了初始条件。同时，沃格勒斯等（Veugelers et al.）以比利时 748 家制造企业为研究样本，通过研究证明了政府支持正向影响企业与大学建立科技服务供需协同关系的意愿。政府通过良好的政策环境，对保障整个科技服务业产业链条的协调性和秩序性具有重要作用。因此，本研究提出如下假设：

假设 H4a：政府支持对服务主体协同程度有显著影响。

假设 H4b：政府支持对协同关系可持续性有显著影响。

5. 外部因素：行业支持

科技服务业是伴随先进制造业和高新技术产业的发展逐步壮大的，科技服务供求与先进制造业和高新技术产业发展具有紧密联系。各个科技服务机构在自身细分业态领域内，为制造业和高新技术产业科技创新活动的每一个环节提供具有针对性的专业化服务。随着制造业和高新技术产业不断进行价值链升级和产业链延伸，释放了大量研究开发、产品和技术检测、技术转移、知识产权等需求，将各个细分业态服务机构串联起来，实现了创新过程的对接。因此，本研究提出如下假设：

假设 H5a：行业支持对服务主体协同程度有显著影响。

假设 H5b：行业支持对协同关系可持续性有显著影响。

6. 外部因素：社会支持

良好的社会环境能够促进科技资源的充分利用和有效整合。首先，科技基础设施的共建共享、网络科技环境的不断优化，可以提高设备的利用效率，并促进科技服务人员的流动；其次，"大众创业，万众创新"的社会氛围，在释放了大量科技服务需求的同时，也需要各个细分业态服务领域的共同支撑；另外，只有在公平、公正的社会环境下，才能够保障科技服务贸易活动的有效进行，加强各个细分业态服务机构之间的商业联系。因此，本研究提出如下假设：

假设 H6a：社会支持对服务主体协同程度有显著影响。

假设 H6b：社会支持对协同关系可持续性有显著影响。

本章所构建的科技服务业协同发展影响机理理论模型如图 6-1 所示。

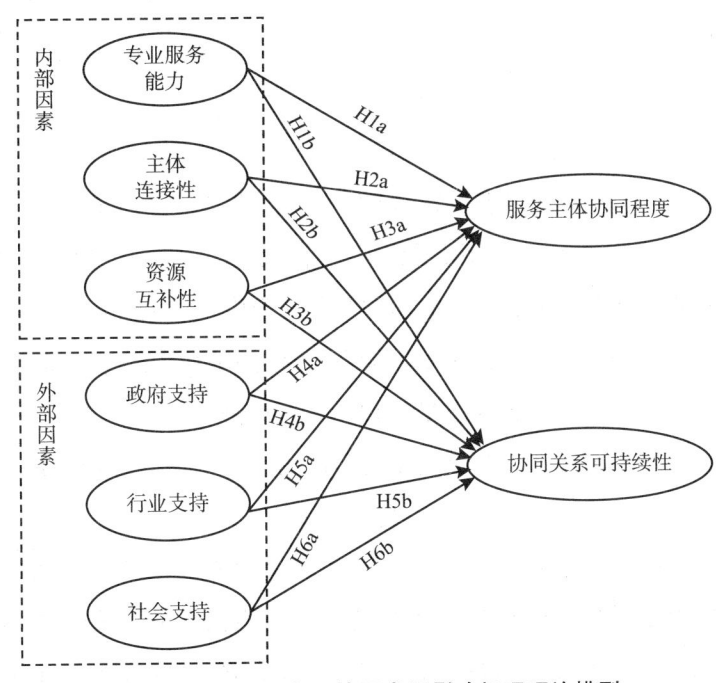

图 6-1 科技服务业协同发展影响机理理论模型

6.2 研究设计

6.2.1 研究方法

本章拟通过结构方程模型方法来研究江西省科技服务业协同发展的影响因素。结构方程模型是一种建立、估计和检验因果关系模型的多元统计分析技术，分为测量模型与结构模型两个基本模型。其中，测量模型是反应潜变量与观测变量之间的关系，而结构模型是描述潜变量之间的因果关系或相关关系。

具体而言，测量模型表示潜变量 ξ、η 与测量变量（观察变量）X、Y 之间的关系，其矩阵方程为：

$$X = \lambda_X \xi + \sigma \quad (6.1)$$

$$Y = \lambda_Y \eta + \varepsilon \quad (6.2)$$

式中，X 为外生观测变量组成的向量，ξ 为外生潜变量，λ_X 为外生观测变量在外生潜变量上的因子负荷矩阵，表示外生潜变量 ξ 和 X 之间的关系；Y 为内生观测变量组成的向量，η 为内生潜变量，λ_Y 为内生观测变量在内生潜变量上的因子负荷矩阵，表示内生潜变量 η 和其观测变量 Y 之间的关系；ε 和 σ 为测量方程的残差矩阵。

结构模型表示潜变量与潜变量之间的关系，其矩阵方程为：

$$\eta = B\eta + \gamma\xi + \zeta \quad (6.3)$$

式中，B 为内生潜变量 η 之间的结构系数矩阵，表示内生潜变量 η 之间的相互影响；γ 为外生潜变量 ξ 对内生潜变量 η 的结构系数矩阵，表示外生潜变量 ξ 对内生潜变量 η 的影响；ζ 为结构方程的残差矩阵。

6.2.2 变量定义及量表设计

为便于数据分析，本章对所涉及的研究变量进行了定义，在借鉴现有国内外研究成果的基础上设计了相应的测量指标。采用李克特5点量表，每一陈述题项有"非常同意""同意""不清楚""不同意""非常不同意"五种回答选项，分别记为5分、4分、3分、2分、1分，每个被调查者的态度总分就是他对各道题的回答所得分数的加总，这一总分可说明他的态度强弱或他在这一量表上的不同状态。李克特5点量表的题项是统一称述表达，选项固定，便于被调查者对问题及选项的理解，更加容易回答。通过此种量表获得的信息比较容易进行统计分析，并且可以避免主观偏见，减少人为误差。

其中，江西省科技服务业协同发展的内部因素和外部因素量表设计分别如表6-1、表6-2所示，服务主体协同程度和协同关系可持续性量表设计如表6-3所示。

表6-1　　　　　　　　内部因素量表设计

测量变量	测量项描述	参考文献
细分业态专业服务能力	我们在自身服务领域具有先进的技术设备（PSA1）	胡晓瑾
	我们在自身服务领域具有很好的创新产出能力（PSA2）	
	我们有足够的专业服务人员与管理人员参与自身服务领域的工作（PSA3）	
	我们基于自身发展需要，有充足的资金来源和投入（PSA4）	
	我们可以充分掌握自身服务领域、科技服务业完整产业链、重点服务对象的发展现状与变化趋势（PSA5）	
	我们在自身服务领域有很好的声誉，服务对象对我们的专业性有很高的评价（PSA6）	

续表

测量变量	测量项描述	参考文献
主体连接性	我们有专门的人员负责与其他细分业态服务机构进行日常接触，其他细分业态有一定的了解（IC1）	加兰-穆罗斯（Galan-Muros）
	我们能够非常容易的寻找到其他细分业态服务机构作为合适的合作伙伴（IC2）	
	在建立协同合作关系后，我们有专门的人员负责与合作伙伴加强联系和沟通，增进彼此的了解和信任，这些人员对合作伙伴从事的服务领域有一定的了解（IC3）	
资源互补性	我们需要通过与其他细分业态服务机构的协同合作，丰富和扩展更多的专业服务经验（RI1）	席尔克（Schilke）
	我们需要通过与其他细分业态服务机构的协同合作，获得更多专业服务设备的使用权（RI2）	
	我们需要通过与其他细分业态服务机构的协同合作，获得更多的资金支持或利润空间（RI3）	
	我们需要通过与其他细分业态服务机构的协同合作，统筹我们和合作伙伴的人才资源（RI4）	
	我们需要通过与其他细分业态服务机构的协同合作，建立明确且充分的信息联系，获取产业链上下游信息（RI5）	

表6-2　　　　　　　　　　外部因素量表设计

测量变量	测量项描述	参考文献
政府支持	政府重视科技服务业协同发展，下发了专门的通知和文件（GS1）	穆雷（Murray）
	政府把科技服务业发展水平与相关部门官员晋升进行挂钩（GS2）	
	政府安排了支持科技服务业发展的专项资金（GS3）	
	政府为促进科技服务业协同发展，组织了专门的联席会议、座谈或培训（GS4）	

续表

测量变量	测量项描述	参考文献
行业支持	本地区有大量的先进制造企业及高新技术企业，其科技服务需求不断增加（IS1）	吴泗
	本地区制造企业及高新技术企业愿意通过外包模式将内部的科技服务业务与核心业务进行分离（IS2）	
	本地区制造企业及高新技术企业愿意参加科技服务领域的知识、技术交流论坛和交易会（IS3）	
社会支持	科技基础设施的发达程度是推动科技服务业协同发展的重要因素（SS1）	胡晓瑾 汤亚非
	社会的创新氛围是推动科技服务业协同发展的重要因素（SS2）	
	科技交易市场的规范程度是推动科技服务业协同发展的重要因素（SS3）	

表6-3　服务主体协同程度和协同关系可持续性量表设计

测量变量	测量项描述	参考文献
服务主体协同程度	我们会与其他细分业态服务机构进行资源互补与合作（SSC1）	佩索德（Persaud）
	我们会与其他细分业态服务机构进行技术贸易和正式服务合作（SSC2）	
	我们会与其他细分业态服务机构进行非正式的知识、经验和技术的交流（SSC3）	
协同关系可持续性	我们与其他细分业态服务机构的合作积极性增加了（CRS1）	周建鹏
	我们希望与其他细分业态服务机构的这种协同合作关系持续下去（CRS2）	
	我们与其他细分业态服务机构之间的合作范围扩大了，有了更多的合作机会（CRS3）	

6.2.3 样本选取与数据收集

由于本章研究涉及"协同"这一主题，面向单一机构内部收集的数据难以形成有效支撑。为获取实证研究所需的有效数据，本研究采取电子邮件和纸质问卷两种方式，对江西省科技服务机构进行数据收集。具体来说，主要分为以下四个步骤完成调查工作：

（1）通过熟人推荐的方式联系江西省相关科技服务机构的负责人，对本次调查的主要目的以及是否会对该机构正常运营产生影响等问题进行解释和说明，尤其强调调查的匿名性和学术型，在获得负责人应允的情况下，请其提供机构中高层成员名单，并根据机构负责人选择的调查方式设计不同的问卷发放程序；

（2）对于选择电子邮件形式的机构，我们请求负责人提供该机构中高层成员的邮箱地址，并将附有编号的电子问卷发送至成员邮箱，请机构成员进行认真填写，填写完成后将电子问卷返至指定邮箱；

（3）对于选择纸质问卷形式的机构，先与负责人约定时间，将问卷和信封送至机构中高层成员所在工作场所填写，填写完成后请机构成员将问卷放入信封以确保匿名性，并统一回收问卷和信封；

（4）在回收所有问卷后，根据问卷的回答情况，对问卷数据进行筛查和整理，剔除其中的无效问卷。

在调研中，共发放问卷350份，回收问卷296份。其中，25份空白问卷，13份问卷存在作答不完整的情况，1份问卷中出现"对该问题实际情况不太熟悉"的备注，总计回收有效问卷257份，有效问卷回收率为73.43%，样本特征的描述性统计如表6-4所示。其中，从研究开发服务机构回收有效问卷50份，占有效样本数的19.46%；从技术转移服务机构回收有效问卷31份，占有效样本数的12.06%；从检测检验认证服务机构回收有效问卷35份，占有效样本数的13.62%；从创业孵化服务机构回收有效问卷40份，占有效样本数的15.56%；从知识产权服务机构回收有效问卷40份，占有效样本数的15.56%；从科技金融服务机构回收有效问卷35份，占有效样本数的13.62%；从科学技术普及服务机构回收有效问卷26份，占有效样本数的10.12%。数据样本较好的覆盖了江西省科技服务业全链条。

表6-4　　　　　　　　　样本特征描述性统计

基本信息	细目		数量	占比（%）
性别	男		143	55.64
	女		114	44.36
年龄	25周岁及以下		38	14.79
	25~35周岁		106	41.25
	35~45周岁		77	29.96
	45周岁及以上		36	14.00
学历	博士学位		31	12.06
	硕士学位		63	24.51
	学士学位		153	59.54
	其他		10	3.89
调研对象	从事科技活动人员	科技综合管理人员	53	20.62
		科技专业技术服务人员	162	63.04
	从事生产、经营活动人员		34	13.23
	其他人员		8	3.11
单位性质	研究开发服务机构		50	19.46
	技术转移服务机构		31	12.06
	检测检验认证服务机构		35	13.62
	创业孵化服务机构		40	15.56
	知识产权服务机构		40	15.56
	科技金融服务机构		35	13.62
	科学技术普及服务机构		26	10.12

6.3 数据分析

6.3.1 信度分析

信度是指调查结果的一致性、稳定性和可靠性,一般多以内部一致性来加以表示量表信度的高低,即量表内部测量题项之间的信度关系,考察的是各个测量题项是否测量了相同的内容或特质。

通过 SPSS17.0 对科技服务业协同发展影响因素各个变量的 Cronbach's α 值进行了计算。其中,总量表 Cronbach's α 值为 0.840,各潜变量量表如表 6.3 所示。从表 6-5 可以看出所有变量的 Cronbach's α 值,均满足 Cronbach's α 值大于 0.7 的要求,因此可以判断该问卷具有较好的内在一致性。

表 6-5　　　　　潜在变量的 Cronbach α 信度系数表

	潜在变量	测量项目数	Cronbach α
内部因素	专业服务能力	6	0.878
	主体连续性	3	0.756
	资源互补性	5	0.715
外部因素	政府支持	4	0.881
	行业支持	3	0.949
	社会支持	3	0.730
	服务主体协同程度	3	0.728
	协同关系可持续性	3	0.735

6.3.2 效度分析

除了信度检验以外,还需要对问卷各个变量的有效性和正确性进行检验,即效度分析。效度越高,表示问卷调查的结果所能代表要调查内容的真实程度越高。效度检验的常用的指标有 KMO 和 Bartlett(巴特利特)检验。利用软件 SPSS17.0 对数据进行效度分析,如表 6-6 所示,得到 KMO 值是 0.806,表明模型适合做因子分析。考虑到后续结构方程模型包含了因子分析,因此本节没有对数据进行降维处理。

表 6-6　　　　　　　　　KMO 和 Bartlett 检验结果

KMO 检验值取样适切性量数		0.806
巴特利特球形度检验	近似卡方	5.647E3
	自由度	435
	显著性	0

6.3.3 模型评价

依据上文对问卷信度和效度的检测结果,利用结构方程模型(SEM)对江西省科技服务业协同发展的影响机理理论模型进行评价和修正。本研究利用 AMOS21.0 软件,首先根据江西省科技服务业协同发展的影响机理理论模型绘制路径图,然后导入样本数据进行运算。根据输出结果判断模型与数据之间的拟合程度,从表 6-7 可以看出整个模型的卡方值 $P > 0.05$,表明模型具有良好的拟合度,因此模型不需要修正,并最终得到江西省科技服务业协同发展的影响机理模型,如图 6-2 所示。

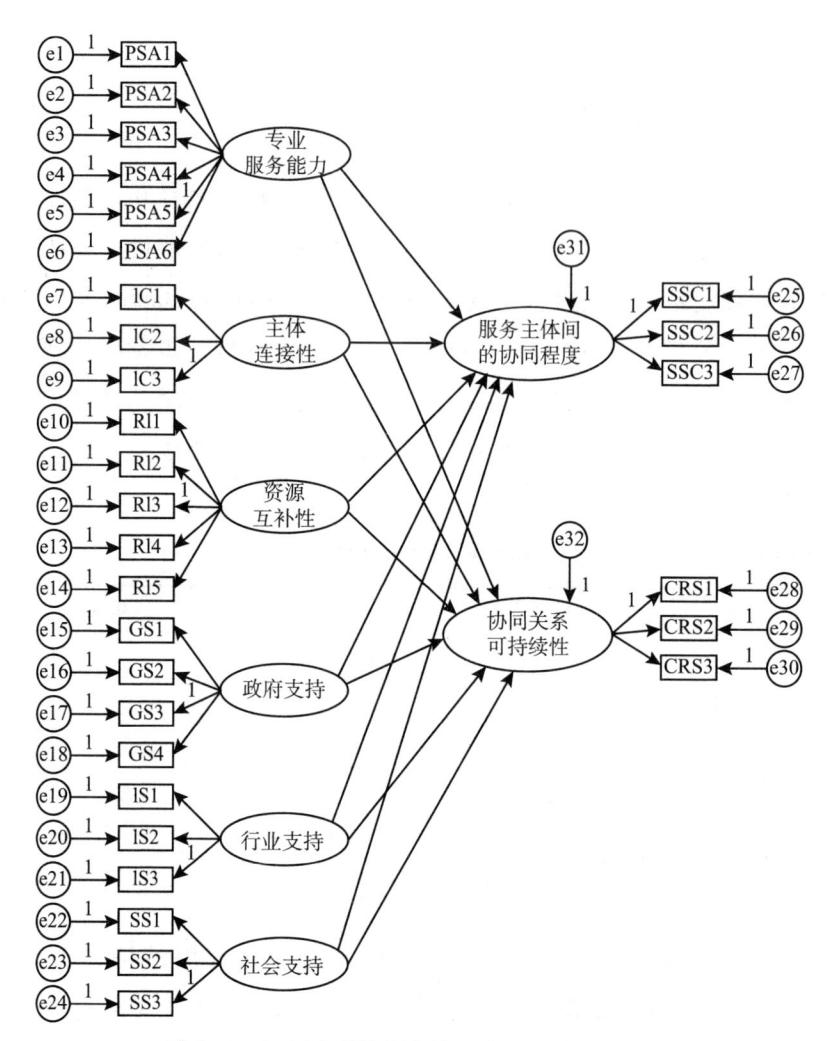

图 6-2 江西省科技服务协同发展影响机理模型

1. 模型拟合度检验

根据模型检验结果，可对模型拟合度进行分析，如表 6-7 所示。

2. 路径系数检验

根据系数分析判定结果参数是否通过显著性检验，判断外生潜变量和内生潜变量之间的因果关系是否显著。一般认为，当 P 值小于 0.05 时，说明自变量对因变量会产生显著影响。科技服务业协同发展影响因素的路径系数及假设检验结果如表6-8所示。

表6-7　　　　　　　　　　模型拟合度检验结果

指数名称		输出结果	参考值	拟合判断
绝对拟合指数	$\chi^2(P)$	436.382（0.065）	一般以 $P>0.05$ 为标准	理想
	CMIN/DF	1.110	1~3	理想
	GFI	0.901	0.8~1之间可接受，越接近1越好	理想
	RMSEA	0.021	<0.1	理想
相对拟合指数	AGFI	0.883	0.8~1之间可接受，越接近1越好	理想
	NFI	0.926	0.8~1之间可接受，越接近1越好	理想
	IFI	0.992	0.8~1之间可接受，越接近1越好	理想
	CFI	0.992	0.8~1之间可接受，越接近1越好	理想
简约拟合指数	PNFI	0.837	>0.5	理想
	PCFI	0.896	>0.5	理想

表6-8　　　　　　模型路径系数的标准化估计值及显著性水平

假设	假设路径	估计值	CR	P	假设结果
H1a	细分业态专业服务能力→服务主体协同程度	0.330	4.944	***	成立
H1b	细分业态专业服务能力→协同关系可持续性	0.067	0.973	0.331	不成立
H2a	主体连接性→服务主体协同程度	0.180	2.796	**	成立
H2b	主体连接性→协同关系可持续性	0.151	2.140	*	成立
H3a	资源互补性→服务主体协同程度	0.269	3.545	***	成立
H3b	资源互补性→协同关系可持续性	0.199	2.460	*	成立
H4a	政府支持→服务主体协同程度	0.259	3.762	***	成立
H4b	政府支持→协同关系可持续性	0.227	3.024	**	成立
H5a	行业支持→服务主体协同程度	0.281	4.307	***	成立
H5b	行业支持→协同关系可持续性	0.230	3.230	**	成立

续表

假设	假设路径	估计值	CR	P	假设结果
H6a	社会支持→服务主体协同程度	0.316	4.365	***	成立
H6b	社会支持→协同关系可持续性	0.107	1.469	0.142	不成立

注：*** 表示 $p<0.001$，** 表示 $p<0.01$，* 表示 $p<0.05$。

由表 6-8 可知，细分业态专业服务能力、主体连接性、资源互补性、政府支持、行业支持、社会支持均对服务主体协同程度会产生积极的正向影响，即假设 H1a、H2a、H3a、H4a、H5a 和 H6a 成立；主体连接性、资源互补性、政府支持和行业支持对协同关系可持续性会产生积极的正向影响，即假设 H2b、H3b、H4b 和 H5b 成立。由于 H1a 和 H6b 的 P 值大于 0.05，即假设不成立，因此剔除 H1a 和 H6b 两条无效路径，最终得到江西省科技服务业协同发展影响机理模型路径系数，如图 6-3 所示。

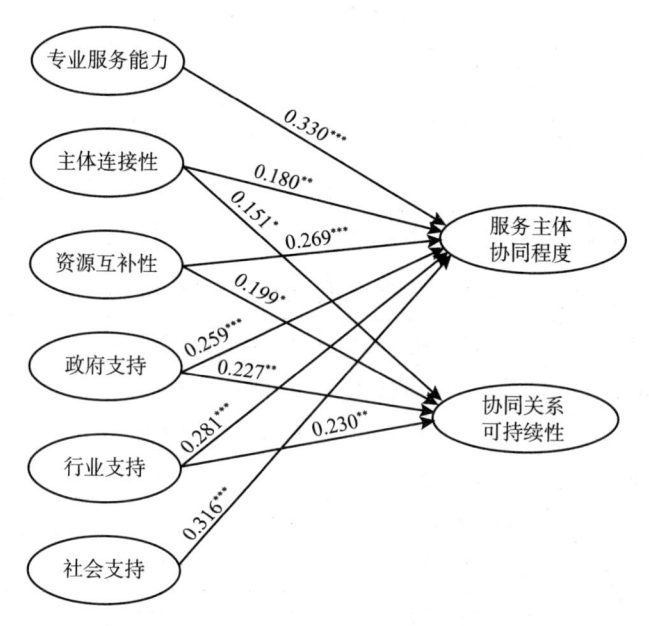

图 6-3 江西省科技服务业协同发展影响机理模型路径系数

6.4 结果分析与启示

实证分析结果发现：对于江西省科技服务业协同关系的"产生"，细分业态专业服务能力、主体连接性和资源互补性是其主要内部影响因素，其中细分业态专业服务能力的影响最大，其次是资源互补性和主体连接性；政府支持、行业支持和社会支持是其主要外部影响因素，其中社会支持的影响最大，其次是行业支持和政府支持。对于江西省科技服务业协同关系的"维系"，主体连接性和资源互补性是其主要内部影响因素，其中资源互补性的影响最大，其次是主体连接性；政府支持、行业支持是其主要外部影响因素，其中行业支持的影响最大，其次是政府支持。本研究将从以下几个方面对实证研究结果进行分析。

（1）在细分业态专业服务能力方面，对协同关系的"产生"有积极的正向影响。各个服务机构需要通过拓展资金来源并加大资金投入、积极引进高端专业人才和先进技术设备，不断提高自身核心业务的创新产出能力，并注重相关信息的收集，以此来树立良好的业界口碑，吸引其他服务机构愿意与之进行协同合作。

（2）在主体连接性方面，对协同关系的"产生"和"维系"都有积极的正向影响。因此，各个细分业态服务机构之间要注重日常接触和联系，尝试建立正式或非正式的沟通渠道，有助于相互之间形成基本的认识和了解；而在协同关系建立之后，需要指派专门的人员，负责服务机构之间的沟通和协调，在协同合作逐渐推进的过程中，加深彼此之间的信任和默契。

（3）在资源互补性方面，对协同关系的"产生"和"维系"都有积极的正向影响。因此，各个细分业态服务机构要注重平时的资源合作，加强各服务机构之间的交流往来，不断丰富和拓展更多的专业服务经验，以此促进各细分业态服务机构协同关系的产生，并获得更多的专业服务设备的使用权和资金支持；当协同关系建立之后，各个服务机构之间应该形成整体协同共识，降低对溢出效应的控制程度，通过资源的相互利用，提升自身和全产业链的竞争实力。

（4）在政府支持方面，对协同关系的"产生"和"维系"都有积极的正向影响。政府需要通过营造良好的政策环境，以各种"指导意见""实施方案"和"重点培育计划"的方式，在短期内形成明显的激励效果，引导科技服务业尽快形成全产业链条的协同关系；在协同关系形成之后，政府需要通过完善各种法律法规和激励措施，不断扩大各个细分业态服务机构之间的合作规模，以此促进科技服务业的可持续发展。

（5）在行业支持方面，对协同关系的"产生"和"维系"都有积极的正向影响。由于科技服务的主体是制造企业，而制造企业的发展也离不开科学技术的支持，因此制造企业要积极参加服务机构开展的各项科技服务领域的知识、技术交流论坛和交易会等，以此促进和形成而双方的合作意向；在制造企业和服务机构建立协同关系之后，制造企业要依据专业化分工的产业发展规律，通过外包的形式释放研究开发、科技咨询、检验检测、知识产权等不同环节的科技服务需求，并注重各个环节的相关性和过程性，以需求的连接性加强不同细分业态科技服务机构协同合作的紧密性。

（6）在社会支持方面，对协同关系的"产生"有积极的正向影响。因此，完善的科技基础设施、创新的社会氛围以及科技交易市场的规范程度对于推动科技服务协同发展的具有重要的作用，有助于各方协同关系的形成。

6.5 本章小结

本章将科技服务业全链条协同发展划分为协同关系的"产生"和协同关系的"维系"两个阶段，并从细分业态专业服务能力、主体连接性、资源互补性等多个方面提出影响科技服务业协同关系的因素假设。在对江西省不同科技服务机构进行问卷调查的基础上,通过结构方程模型等实证分析方法,对理论假设进行了检验。实证结果表明:细分业态专业服务能力、主体连接性、资源互补性、政府支持、行业支持和社会支持均对服务主体协同程度,即协同关系的"产生"有积极的正向影响;主体连接性、资源互补性、政府支持和行业支持对协同关系可持续性,即协同关系的"维系"有积极的正向影响。

第 7 章

江西省科技服务业发展策略

科技服务业是一个包含了服务主体、服务资源、服务对象、服务内容、服务目标和外部环境等多要素构成的有机整体,具有互动性、耦合性和支撑性等典型特征。在推进江西省科技服务业发展的过程中,要以科技服务业自身发展规律和多维协同发展模式为理论依据,从科技服务细分业态、与重点产业的关系、外部环境等维度入手,提出系统性策略来推动科技服务业的发展进步。考虑到江西省科技服务业发展现状及资源条件限制等因素,在提出科技服务业发展策略时要有的放矢。当前,江西省正大力推进十大战略性新兴产业,同时国家科技协同创新战略也明确指出要以重点产业领域为载体。因此,江西省科技服务业发展策略应以十大战略性新兴产业为切入点,以推动科技服务业与重点产业(十大战略性新兴产业)的耦合为核心,以加强科技服务业内部业态互动和构建科技服务业发展环境支撑体系为两翼,全面系统促进江西省科技服务业的发展和科技创新,实现经济与科技的深度融合。

7.1 加强科技服务业细分业态间的互动

在科技服务创新过程中,科技服务业各细分业态之间需要进行专业化分工和多向协作互动,服务于科技创新链条的不同环节,并利用各平台和基地等为各科技创新活动参与者提供知识、技术、人才和设备等服务资源。由于科技服务细分业态之间存在着很强的互动关系,要想突破江西省科技服务业发展的瓶颈制约,推进科技服务业协同发展,必须加强科技服务业细分业态间的互动,通过科技服务平台和示范基地建设,引进科技服务企业和创新人才,集聚各类科技资源,推动各细分业态充分发挥自身专业的科技服务功能。

7.1.1 完善科技服务平台建设

科技服务平台是服务于社会科技创新和产业发展的基础支撑,是科技服务业细分业态间完善各自服务功能、丰富服务内容、提升业态间互动协同度的重要载体,也是能够推动多维协同发展模式内各创新主体进行深度合作的纽带和桥梁。通过加强科技平台建设来集聚科技服务资源,提高创新水平,缩小与国内兄弟省市的发展差距。

(1)要以加快科技成果转化为主线,完善科技服务平台建设,推动平台向科技型企业和科技服务机构提供研究开发、检测认证、技术转移、创业孵化、科技咨询和科技金融等一系列科技服务。充分发挥各细分业态的服务特色,提高科技服务细分业态间的专业服务能力和网络化协同发展水平,提升整体创新效益。

(2)着力构建江西省科技服务平台创新管理体系,健全科技创新产品或服务的标准体系。围绕江西省十大战略性新兴产业的科技服务重点需求,充分调动行业领军企业、科技中介机构、高等院校和各科研院所等各主体的创新积极性,将全省科技服务力量进行有效配置和综合利用,集聚各科技细分业态间所包含的技术、人才、设备和资金等科技服务资源,提升科技服务平台建设水平。

(3)建设科技服务业专业平台,扎实推进专利云平台建设。强化专利申请、转让合作、资源分享、在线培训、专利工具等平台功能,扩展商务云、托管云等应用板块，并在若干区县（园区）优化布局主导产业分平台。各专业平台可依托自身资源优势，强化平台对外交易功能，拓宽平台服务渠道，面向市场开放服务。

目前，江西省政府搭建的公共科技服务平台数量不多，且地区科技资源分配不均，很多科技服务资源没有得到充分开发和利用，严重影响产业发展。因此，需要继续在南昌、宜春、景德镇和九江等市区搭建多个各具特色、功能强大的开放性区域产业创新公共服务平台和各类数据库，加大技术信息开发和科技创新技术共享力度，鼓励科技服务业各细分业态加入平台组织中，完善科技服务功能，并依托科技创新服务平台进行重点项目的交流与合作，促进平台内各行为主体实现互动协同创新。可集成江西省现有科技资源共享服务平台，建设集大数据中心、科技服务交易平台和协同创新社区为核心的科技资源共享与交易云服务平台，实现科技大数据分析应用、研发设计、在线检测、协同创新工具、科技成果竞拍众筹、新产品展示推广等科技服务在线交易和第三方支付担保等，促进社会化协同创新。

7.1.2 加强科技服务机构与科技人才间的互动交流

科技服务机构是制约江西省科技服务业发展壮大的关键，科技人才则是影响科技服务业发展水平的重要因素。目前，与中部其他省份相比较，江西省科技服务业的企业发展规模和从业人员数量一直都处于中下游状态，科技创新水平的差距较大，严重影响科技服务业的发展水平。而科技服务企业作为服务主体，具有凝聚科技创新人才等服务资源的功能。推动科技服务业细分业态间的互动协同发展，需要具有技术创新功能的科技服务企业及各类专业科技人才之间不断进行思想碰撞、技术交流。

（1）根据江西省的产业发展特色和科技优势，鼓励科技型企业与国内外各高校、科研机构定期进行科技服务领域的合作与交流，发展一批专业化、社会化的科技服务中介组织。

（2）充分发挥国际产学研用合作会议、世界低碳与生态经济大会、景德镇陶瓷博览会等平台作用，依托浙江、广东等周边发达省市的科技与市场资源，支持科技型企业与海内外创新能力较强、辐射带动功效大的科技服务企业或机构进行亲密互动。积极引入省外科技型企业到江西省设立分支机构或开展科技服务合作，带动江西省电子信息、医疗器械、先进装备制造、航空等产业科技服务能力和水平的提升，促使我省科技服务机构的业务水平、业务范围与国际接轨。

（3）在江西省各高新技术区探索建立"众创空间"，打造"众创平台"，为科技型小微企业和创意设计企业创造一个良好的技术、管理、资源、市场等交流环境，互相切磋，共同进步。专门建立科技服务机构内部互动创新机制，提升社会整体科技水平。

（4）面对江西省科技服务业发展过程中出现的高层次科技人才缺失问题，除了要大力实施"赣鄱英才555工程""百千万人才工程""千人计划""井冈学者""双千计划"等引进及培养创新创业人才计划外，还要重视创新人才之间的交流互动。

（5）加强对省内科技服务人员的专业培训，邀请国内外著名科技服务机构的资深专家来授课。同时定期安排优质型科技服务机构赴省外、国外进行考察学习，鼓励科技服务机构安排年轻骨干人员赴省外著名科技服务机构开展实习工作，通过各种交流机会促使科技服务机构及科技人才之间相互了解、取长补短，提升我省科技服务人员的业务能力和服务水平。

以科技服务业技术协同攻关为重点，通过保证科技企业和创新人才队伍的连续性、开放性、互动性，提升科技服务业态专业化、社会化的服务能力，有助于科技服务业细分业态间的互动协同发展，提高自身创新能力。

7.1.3 建设科技服务业示范基地

虽然目前江西省已有一小批较具实力和规模的科技服务机构作为发展先锋,但绝大多数的科技服务机构只能提供技术含量低、附加值不高的科技服务,且科技创新度不高,严重制约产业发展。科技服务业示范基地的建设,不仅发挥了科技服务产业的规模效应,又使各细分业态紧密联系,既独立分工又彼此交互,有助于提升本省科技服务业各细分业态及其机构的科技服务能力,促进彼此之间的相互协同创新。

(1) 制订示范基地的遴选标准与支持办法,选择有条件和优势的科技服务业聚集区、商业模式创新典型和卓有成效的服务机构等先行先试,充分发挥行业示范效应。通过市场驱动与政府引导相结合的方式,以本省一直推行的科技创新"六个一"工程为基点,围绕节能环保、生物和新医药、半导体照明、航空产业和绿色食品等具有发展优势的领域,加快科技服务示范基地建设,使这些战略新兴产业与科技服务业一同分布在较为集中的区域,促进科技服务企业和科技中介服务机构集聚发展,形成一批具有国际竞争力和产业特色的科技服务集群。

(2) 实施科技服务品牌示范工程,选择有条件、市场机制发挥较充分的科技服务机构和服务平台作为示范支持对象,打造科技服务品牌。鼓励各科技型企业和科技机构加入科技服务示范基地中,对部分骨干企业进行政策倾斜,壮大基地规模,为科技服务细分业态间的互动发展提供优质场所。

(3) 以江西省唯一的科技服务业区域试点单位——南昌高新技术开发区为中心,通过科学规划、合理布局,辐射江西省内其他市县区具有特色产业优势的科技服务基地建设,积极探索创新驿站、众创空间等新型互动发展方式,提高江西省科技服务业示范区的数量和质量,争创多个国家级试点单位和示范区。

建设科技示范基地,能够加强科技产业与其他产业的关联度,通过延长科技服务产业链以加强各业态之间的关联性和协作性，让科技创新引领科技服务业内部升级。

7.2 推动科技服务业与重点产业的耦合

科技服务业是直接或间接为各类产业创新提供科技服务的服务性产业，战略性新兴产业（重点产业）是科技服务业的重点服务对象。科技服务业和重点产业之间存在着很强的互补性，重点产业的市场创新需求是科技服务业发展的根本动力，是科技服务业的服务对象，而重点产业升级创新又为科技创新提供灵感与方向，促进科技服务业的快速发展。因此，推动科技服务业与重点产业的耦合是发展科技服务业的重中之重，具体策略如下：

7.2.1 构建促进科技服务业与重点产业耦合发展的机制与体制环境

基于江西省现实经济发展状况，产业发展存在着较大的瓶颈制约，其中机制和体制环境是较大阻碍。要促进科技服务业与重点产业的耦合发展，必须优先考虑这两大产业的发展机制和体制环境，只有在根本上清除体制障碍，才能创造两者耦合协同发展的良好环境，有利于产业之间的相互交流和合作，实现互补与共享机制。为此要全面深化科技体制改革，围绕科技服务业发展整合和创新科技资源机制，推动和完善产业科技重大专项与科技计划项目组织管理机制。具体措施如下：

（1）以满足科技服务产业和重点产业发展需求为前提，加大市场化的改革力度，发挥市场在配置资源方面的作用。对于航空制造、先进装备制造等战略性新兴产业，要大力引进市场竞争机制，将政府"有形的手"和市场"无形的手"相结合，努力形成多元开放、集成高效的产业发展格局。

（2）围绕江西省十大战略性新兴产业的重点发展项目，以科学技术作为产业转型的支撑力，建立起科技服务业与重点产业于一体的办事协调管理机构，加强对科技服务业与重点产业的组织领导，建立起长期有效的工作机制。对于新能源、生物和新医药、新材料和绿色食品等新兴产业开展的重点项目，要开辟重点产业绿色通道，实施统一受理、快速转办制度，加快工作审批速度，缩短办事时间。

（3）在建立符合科技发展规律和产业发展规律的运行机制基础上，优化科技服务业与节能环保、新能源等重点产业的科学发展规划及战略，优先满足重点产业所需的科技资源，对处于重点产业中的科技资源优先进行合理配置，努力创建科技创新资源在重点产业中自由流动的机制及体制环境。

7.2.2 深化科技服务业与重点产业之间的分工合作

近年来江西省积极实施促进科技成果转移方案，技术市场交易额和专利申请授予数量呈逐年上升趋势，科技投入产出效益逐年增加，体现了科技成果转化的有效程度在不断加深。以重点产业的市场需求为导向，以科技型企业和科技中介机构为服务主体，搭建科技服务业与重点产业之间的合作平台，在形成协同创新技术链中深化科技服务业与重点产业间的分工合作，有利于引导科技创新成果向现实生产力转化，科技服务业与重点产业耦合共生，提高科技产品或服务的技术水平，实现多方共赢局面。具体措施有：

（1）细化产业链内部分工范围及工作程度，注重产业各要素之间的关联效应，推动科技服务业与重点产业协同发展的长期性与持续性。例如，对于新兴产业中的绿色食品产业，要充分合理利用科技创新资源，重视食品科技检测质量，提高食品检测严谨性，提升绿色食品安全保障能力水平。加强绿色食品的核心技术突破，形成绿色食品产业和科技服务业的多元化投入与多样化合作经营的发展格局。

（2）合理分配重点产业链上各环节的工作任务，优化各科技创新要素的投入比例，提升创新要素的配置方式。以新一代信息技术产业为例，科技服务业业态中的研发机构要专注于信息产品的研发设计工作，检测认证机构要负责检测产品可靠性，合理分配任务，把科技服务机构及其资源用于重点产业链上各阶段。科技服务业态与新兴产业间进行分工与合作，充分发挥科技创新要素的综合效应和科技服务业的基本功能。

（3）加快科技企业和重点产业的技术创新过程，不断探索科技成果转化新模式，提升成果转化能力。要加强科技中介服务机构与重点企业之间的良性互动，推动科技成果与技术、资本、市场需求有效对接，特别是光伏新能源制造、锂电及电动汽车等科技成果。科技成果只有进入到企业中，转化为现实生产力，增加其知识溢出效应，才能证明其存在的价值及意义。科技服务机构提供有效的技术和研发支持，使科技服务业成为引领重点产业转型的加速器。

7.2.3 促进科技服务业与重点产业之间的联盟发展

联盟是一种资源共享和企业互动的有效机制，是产业价值链集合的有效空间载体和生产组织方式，联盟发展有利于提高产业整体竞争力。重点产业作为江西省优先发展对象，也是推动经济发展的主导力量，促进科技服务业与重点产业之间的联盟发展，能够加强产业融合，催生新业态，为科技服务业带来更广阔的市场需求，推动产业价值链升级，给江西的经济发展助一臂之力。推动产业间联盟发展的具体措施如下：

（1）着力推动对科技创新有着强烈需求和带动力的重点产业与科技服务业进行联盟，形成产业链与价值链的联动共进发展。江西省委、省政府推进十大战略性新兴产业发展是建设鄱阳湖生态经济区的重要举措之一，要加强科技服务业与重点产业的有效联盟，必须明确科技服务业与十大战略产业的特性，结合该产业市场需求的匹配性和资源优势，在围绕科技服务业与该产业之间的关联性的基础上，判断科技服务业应该与何种重点产业进行联盟发展，在产业发展的哪一阶段实施联盟计划等，避免出现产业恶性竞争的现象发生。

（2）发挥政府在产业联盟中的协调引导作用，围绕现有的"科技入园"工程，以"重点创新产业化升级"为牵引，深入发展产业联盟园区和平台建设，共享平台资源。对于文化暨创意产业，要利用园区内的科技资源加快培育四大文化和科技融合新兴业态，尽快形成"一都、三带、四基地"的空间布局，利用知识和技术的空间溢出效应，提高产业创新能力。

（3）建立科技服务业与重点产业对接机制，确定节能环保、新能源、新材料、航空产业、生物和新医药等产业发展需要，围绕重点产业上下游重点环节，支持相关企业、机构以共同的技术创新需求为基础，采取自愿合作态度，建立技术创新联盟利益机制。将科技服务业中的科技创新要素融入重点产业链中，加快重点产业升级转型，提高重点产业的核心竞争力，引导科技服务业在产业联盟过程中提升自身科技水平和服务层次。

7.3 构建科技服务业发展环境支撑体系

政治、经济、科技和社会文化等宏观外部环境是江西省科技服务业发展的重要支撑，政府、市场和社会则是产业发展的三大支柱，影响着产业的行为主体、资源及各项活动。要实现江西省科技服务业的发展目标，推动科技服务业的协同发展，需要从政府、市场和社会环境等三个方面构建科技服务业发展环境支撑体系。

7.3.1 建设政府环境支撑体系

政府作为经济社会中最大的公共组织，其行为对科技服务业的发展与创新起着至关重要的作用，是影响江西省科技服务业发展水平的重要因子。要充分发挥政府在产业发展过程中的引导和调控作用，建设政府环境支撑体系，促进科技产业发展。

（1）在财税政策方面，要贯彻落实国家、省、市出台的与科技服务业发展相关的各项税收优惠和价格政策，充分发挥省级科技服务业发展引导资金的杠杆作用。落实好高新技术企业优惠税率，对于已认定为高新技术产业的企业，可按照比例减少企业所得税征收税率。扩大对科技服务企业科技创新扶持的资金规模，对科技服务业及相关的战略新兴产业设立专项发展基金，并规定以一定的百分比逐年递增。积极探索政府购买科技服务和"后补助"等方式，支持江西省科技服务业的发展。

（2）在科技服务业激励政策方面，江西省各级政府要采取多种方式引导科技服务市场的创新，落实国家颁布的《促进科技成果转化法》。对于具有重大技术突破的新能源、新材料、生物和医药等重点领域的科技成果，应采取现金奖励、股权期权激励和成果表彰等激励政策并加大实施力度，尊重不同创新活动的多元价值，充分调动各类创新主体的积极性。

（3）在发展科技服务业法律法规方面，除落实现有的法规之外，规范科技服务行业发展的法律，加强对高新技术专利产品的保护力度。在允许合法的知识产权进行市场流通时要保证专利技术的安全性，促使各科技创新参与主体明晰法律权责利。

7.3.2 加强科技交易市场环境监管

江西省科技服务业的发展具有严重的区域不平衡性，各市发展差距较大，科技资源和科技机构分布不均，需要积极创建有利于科技服务业发展的市场环境，发挥市场在资源配置中的基础性作用，实现全省科技服务业协同创新、快速发展。具体措施如下：

（1）加强科技交易市场的环境监管，有序开放科技服务产业和十大战略新兴产业市场的准入，营造平等参与、公平竞争的发展环境，激发各类科技服务主体的创新动力。

（2）深化商事制度改革，加强对科技服务机构及高新技术企业的组织和管理。重点对战略新兴产业的科技产品质量与科技服务能力进行专项考核和多维度评价，规范科技市场内各个环节参与者的行为，提高科技服务组织和科服务人员的积极性与创造性。

（3）在完善服务标准体系的同时加快构建创新主体的社会信用评价体系，对违反市场交易的行为进行相关监督和惩处，形成良好的行业道德风尚，促使战略新兴企业及科技企业步入规范化、专业化和法制化的市场发展轨道。

（4）对于江西省科技服务业发展较为落后的部分地区，要积极落实国家大学科技园和科技企业孵化器相关的税收政策，对于进入市场的服务于战略新兴产业的科技服务企业，在营业税和增值税等方面应给予一定的减免，为科技服务企业开展市场化经营提供优惠。

7.3.3 加强多元融资体系建设

目前，江西省科技服务业的发展资金绝大多数都是来源于政府的财政投入。虽然近些年江西省政府为发展科技服务业投入了不少的科技经费，但效果甚微。因此，为有效推动江西省科技服务业整体发展，可从以下几点着手：

（1）政府在加大财政投入、进行税收补贴的同时，要充分调动社会各方面的力量和资源，形成多元化、多层次、多渠道的科技融资协同体系，加快以科技金融创新为基础的科学技术知识与资本的融合。对于省重点支持的战略新兴产业项目，政府可设立国家或省级科技创新技术专项基金，发挥专项基金的杠杆作用。

（2）优先推荐为战略新兴产业提供信贷担保的融资性担保机构申报国家中小企业信用担保业务补助资金，以此鼓励各信用中介机构、担保机构和商业银行等针对高新技术企业及科技服务业企业特别是小微企业开展融资、担保及贷款业务。积极探索科技服务企业发行企业债、短期融资券、中期票据、企业集合债券、增信集合债券和私募债等筹资模式，并逐步扩大规模，为科技创新提供多层次、全方位的金融支持。

（3）支持高校、科研院所运用自有资金设立科技成果转化引导基金，创新机制和运行模式，以自有科技成果为基础构建产学研协同创新服务投资模式。同时为战略新兴企业提供风险补助、贷款贴息、保费补贴、知识产权融资补贴和融资租赁补贴等。

7.3.4 营造有利于社会科技创新的环境

要加快科技服务业的发展，良好的社会科技创新环境必不可少。江西省仍有不少企业忽视科技创新的作用，没有转变传统观念，

（1）为此江西省各层级政府和各科技部门要加强宣传和舆论引导，主动传播科技服务业在推动社会经济和优化产业结构方面的巨大贡献，采取多种宣传方式普及前沿的科学技术、科技新发现以及不同类型的科技服务文化，如举办科技展览、开放科技博物馆等，积极支持、鼓励并引导广大群众及企业特别是战略新兴企业加深对科技创新的认识，深刻理解科技服务业及战略新兴企业对增强企业核心竞争力和推动社会经济发展的重要战略地位。

（2）充分发挥科技部门的组织、协调和服务等职能，利用微博、微信等社交软件积极搭建部门及街道科技网络等沟通平台，促进部门内外的互动与协同共生，形成促进科技服务业发展的浓厚氛围。在"大众创业，万众创新"的社会环境中，加强全民科技创新思想的培养，积极营

造科技创新的环境氛围，形成一股全民创新的积极的环境氛围，激发创新创业新活力，为科技服务业发展奠定良好的思想基础。

7.4 本章小结

本章基于前面章节提出的科技服务业多维协同发展模式，借鉴发达国家和地区科技服务产业发展的相关经验，结合江西省科技服务业发展现状，在科技服务业发展机理及多维协同发展模式的理论指导下，基于政府支撑视角，以江西省十大战略性新兴产业为切入点，从促进科技细分业态间互动、推动科技服务业与重点产业耦合和构建科技服务业发展环境支撑体系等三个方面提出了加快江西省科技服务业发展的对策。

第 8 章

结论和展望

8.1 主要结论

科学技术是先进生产力的集中体现和重要标志,科技创新和科技进步是国家和地区经济快速协调发展的助推器,科技服务业作为国家实施创新驱动发展战略和加快国家创新体系建设的重要组成部分,具有推动产业结构由"工业经济"向"服务经济"转型的重要功效。本书在总结国内外发达国家和省份科技服务业发展经验的基础上,从江西省科技服务业发展现状、科技服务业发展机理、江西省科技服务业发展模式、江西省科技服务业协同发展影响因素、江西省科技服务业发展策略等方面系统研究了江西省科技服务业的发展模式及策略问题,主要得出以下结论:

(1) 国内外科技服务业的发展具有区域差异性,但又表现出一定共性。本书梳理了国外部分发达国家和国内部分发达省份科技服务业的发展历程、现状和经验,发现尽管各发达国家和发达省市的科技服务业发展历程和经验具有较大差异性,但外部政治经济环境都在其发展过程中发挥了重要的作用和影响，国内外科技服务业发展经验可为江西省科技服务业的发展模式及策略的制定提供有益经验借鉴。

（2）江西省科技服务业虽然已具备一定基础，但发展水平还有待提升，与周边兄弟省市相比还有较大差距，且受政府行为、创新人力资源和科技水平的影响较大。本书从科技服务业发展基础、科技服务各细分业态发展等方面对江西省科技服务业整体发展现状进行了总结，并从发展规模、投资力度和人力资源等维度与中部其他省份进行了对比分析，从产业发展的内外部环境对江西省科技服务业进行了 SWOT 分析。最后，从地区科技服务业发展环境、科技投入及产出情况等三个维度构建了江西省科技服务业发展水平综合评价体系，对江西省科技服务业发展影响因素进行了实证研究，研究发现政府行为、创新人力资源和科技水平是影响该产业发展水平的主要因素，可为科技服务业发展策略制定提供理论基础。

（3）科技服务业的发展具有一定的内在客观规律。本书认为，从系统要素构成的角度来看，科技服务业是一个由服务主体及资源、服务对象、服务内容、服务目标和外部环境等诸多要素构成的统一有机整体，具有互动性、耦合性和环境支撑性等典型特征。为了深入揭示科技服务业的发展机理，本书基于"互动—耦合—支撑"视角，从科技创新链和科技支撑要素两个维度，定义了科技服务业各个细分业态的主要服务功能，分析了不同细分业态之间的互动机理；从社会分工、价值链升级和产业融合三个维度，研究了科技服务业和战略新兴产业之间的耦合机理，分析了重点产业发展需求对科技服务业发展演化的影响；从政府行为、金融环境、行业技术进步、对外开放、基础建设和公众意识等多个方面，研究了宏观外部环境对科技服务业发展的支撑机理。

（4）江西省科技服务业应采取"细分业态互动—与重点产业耦合—宏观外部环境支撑"的多维协同发展模式。多维协同发展模式是通过推动各创新主体之间的深度合作，有效集成和充分释放技术、信息、人才、设备、资金和知识等创新资源及创新要素，推动科技协同创新，促进科技服务业发展的一种新模式，具有系统性、协调性和开放性等典型特征。本书还进一步研究了多维协同模式的内涵、特征、框架以及主体互补机制、要素协同机制和行为调控机制，可为科技服务业发展模式选择提供决策参考。

（5）江西省科技服务业的协同发展过程会受一系列关键因素影响的制约。科技服务业内部细分业态较多，与其他产业的耦合关系也较为紧密，其协同发展过程具有复杂性。本书从服务主体协同程度和协同关系可持续性两个维度对科技服务业协同发展的概念形成阶段进行了简单界定和解释，并从内部因素（细分业态专业服务能力、主体连接性、资源互补性）和外部因素（政府支持、产业支持、社会支持）两个方面提出了影响科技服务业协同发展的理论假设，实证研究表明：细分业态专业服务能力、主体连接性、资源互补性、政府支持、行业支持和社会支持均对服务主体协同程度，即协同关系的"产生"有积极的正向影响；主体连接性、资源互补性、政府支持和行业支持对协同关系可持续性，即协同关系的"维系"有积极的正向影响。

（6）江西省科技服务业发展应在理论模式的指导下采取协同策略，并以江西省十大战略性新兴产业为切入点，以推动科技服务业与重点产业（十大战略性新兴产业）的耦合为核心。主要发展策略包括：加强科技服务业细分业态间的互动，如完善科技服务平台建设、加强科技服务机构与科技人才间的互动交流、建设科技服务业示范基地；推动科技服务业与重点产业的耦合，如构建促进科技服务业与重点产业耦合发展的机制与体制环境、深化科技服务业与重点产业之间的分工合作、促进科技服务业与重点产业之间的联盟发展；构建科技服务业发展环境支撑体系，如建设政府环境支撑体系、加强科技交易市场环境监管、加强多元融资体系建设、营造有利于社会科技创新的环境等。

8.2 不足与展望

科技服务业的发展问题是一个复杂、动态的系统工程问题，涉及社会、经济、政治、科学技术等方方面面，其发展过程还需要实现跨组织、跨区域、跨时空的协同。近年来，随着我国科技服务业的不断发展壮大，其业态不断细分，各细分业态与产业之间的耦合关系也越来越紧密，这使得科技服务业的发展问题所涉及的知识点和领域越来越多也越来越广，本书以江西省为特定的研究对象，仅从宏观视角对其发展机理、发展模式和发展策略等部分问题进行了研究。由于时间和条件的限制，本书主要存在以下不足：

第一，研究方法的局限。本书虽然采用了文献研究、经验总结与案例研究、概念模型研究、问卷调查、统计分析、结构方程模型等多种研究方法，但总体来看，以定性研究为主，以定量研究为辅，在定量研究过程中采用的是传统的多元线性回归分析、问卷调查及结构方程模型等实证研究方法，在研究方法上还存在一定不足，应更加注重方法的科学性和实践性。

第二，实证研究的局限。首先，我国于2005年开始将科技服务业纳入统计口径，但其国民经济行业分类与2014年国务院发布的《关于加快科技服务业发展的若干意见》中的科技服务业细分业态并不完全一致。其次，当前我国各省份科技服务业的发展历程、发展水平还具有较大区域差异性，这使得各省份科技服务业的统计数据在时间序列上不完全一致。最后，科技服务业细分业态较多，而江西省科技服务业发展起步晚、发展慢，其关于科技服务业的相关统计数据不全面且时效性欠缺。本书的研究过程中虽然通过查阅统计年鉴、实地调研、网络资料获取等多种方式收集了大量数据，但所搜集到的数据并不完善，部分研究资料的缺失影响了江西省科技服务业发展状况分析的系统性和全面性，这在一定程度上会影响了研究结果。因此，后续还需要进一步补充和更新相关资料，通过各种渠道获取江西省科技服务业发展的最新数据，以便能够对江西省科技服务业发展进行更加系统、科学、全面的研究。

第三，研究内容的局限。本书围绕"江西省科技服务业发展模式及策略"这一研究主题，研究了国内外科技服务业发展经验、江西省科技服务业发展现状、科技服务业发展机理、江西省科技服务业多维协同发展模式、江西省科技服务业协同发展影响因素、江西省科技服务业发展策略等问题，但本书更多关注的是宏观层面的发展战略问题，诸如科技服务业发展模式选择与评价方法、科技服务业发展路径选择与升级、科技服务业发展水平评价及方法等具体问题还有待进一步系统深入研究。

附录　调查问卷

江西省科技服务业协同发展的影响因素调查问卷

尊敬的先生/女士：

　　您好！

　　首先感谢您在百忙之中抽空填写此问卷。此次问卷调查的目的是了解哪些因素对江西省科技服务业的协同发展产生影响。本次调查问卷采用匿名调查方式，问卷所收到的所有信息将都被用于学术研究，同时我们为您填写的资料保密，请您放心填写相关信息。感谢您的支持和合作！

第一部分：基本信息

　　填写说明：科技综合管理人员：指在企业、科研院所中具有管理职责并从事科技活动有关的人员。包括：从事科技计划管理、课题管理、成果管理、专利管理、科技统计、科技档案管理、科技外事工作、人事管理、教育培训、财务等科技活动有关的管理人员。科技专业技术服务人员：指直接为科技工作服务的各类专业技术性人员，如从事图书、信息与文献、研究开发、技术转移、检测认证、咨询、知识产权、科技金融、科学技术普及等工作的技术性人员。

　　请您在合适的选项上进行标示"√"。

　　您的性别：

　　男（　　）　　女（　　）

您的年龄：

25 周岁及以下（　　　）　　　25 ~ 35 周岁（　　　）

35 ~ 45 周岁（　　　）　　　45 周岁及以上

您目前属于哪一类工作人员：

科技综合管理人员（　　）　　科技专业技术服务人员（　　）

生产、经营人员（　　）　　　其他人员（　　）

您目前工作所属的单位性质：

研究开发服务机构（　　）　　技术转移服务机构（　　）

检测检验认证服务机构（　　）　创业孵化服务机构（　　）

知识产权服务机构（　　）　　科技金融服务机构（　　）

科学技术普及服务机构（　　）

第二部分：江西省科技服务业协同发展的影响因素

请根据您了解的真实情况以及预估，选择您对下列陈述句的同意程度，选择一个最合适的答案。（请您在符合自己情况的选项上打√）

序号	请选择最符合您真实情形的答案，并在相应的数字上打"√"	非常不同意	不同意	不清楚	同意	非常同意
1	我们在自身服务领域具有先进的技术设备	①	②	③	④	⑤
2	我们在自身服务领域具有很好的创新产出能力	①	②	③	④	⑤
3	我们有足够的专业服务人员与管理人员参与自身服务领域的工作	①	②	③	④	⑤
4	我们基于自身发展需要，有充足的资金来源和投入	①	②	③	④	⑤
5	我们可以充分掌握自身服务领域、科技服务业完整产业链、重点服务对象的发展现状与变化趋势	①	②	③	④	⑤
6	我们在自身服务领域有很好的声誉，服务对象对我们的专业性有很高的评价	①	②	③	④	⑤

续表

序号	请选择最符合您真实情形的答案，并在相应的数字上打 "√"	非常不同意	不同意	不清楚	同意	非常同意
7	我们有专门的人员负责与其他细分业态服务机构进行日常接触，这些人员对其他细分业态有一定的了解	①	②	③	④	⑤
8	我们能够非常容易的寻找到其他细分业态服务机构作为合适的合作伙伴	①	②	③	④	⑤
9	在建立协同合作关系后，我们有专门的人员负责与合作伙伴加强联系和沟通，增进彼此的了解和信任，这些人员对合作伙伴从事的服务领域有一定的了解	①	②	③	④	⑤
10	我们需要通过与其他细分业态服务机构的协同合作，丰富和扩展更多的专业服务经验	①	②	③	④	⑤
11	我们需要通过与其他细分业态服务机构的协同合作，获得更多专业服务设备的使用权	①	②	③	④	⑤
12	我们需要通过与其他细分业态服务机构的协同合作，获得更多的资金支持或利润空间	①	②	③	④	⑤
13	我们需要通过与其他细分业态服务机构的协同合作，统筹我们和合作伙伴的人才资源	①	②	③	④	⑤
14	我们需要通过与其他细分业态服务机构的协同合作，建立明确且充分的信息联系，获取产业链上下游信息	①	②	③	④	⑤
15	政府重视科技服务业协同发展，下发了专门的通知和文件	①	②	③	④	⑤
16	政府把科技服务业发展水平与相关部门官员晋升进行挂钩	①	②	③	④	⑤
17	政府安排了支持科技服务业发展的专项资金	①	②	③	④	⑤
18	政府为促进科技服务业协同发展，组织了专门的联席会议、座谈或培训	①	②	③	④	⑤
19	本地区有大量的先进制造企业及高新技术企业，其科技服务需求不断增加	①	②	③	④	⑤
20	本地区先进制造企业及高新技术企业愿意通过外包模式将内部的科技服务业务与核心业务进行分离	①	②	③	④	⑤

续表

序号	请选择最符合您真实情形的答案，并在相应的数字上打"√"	非常不同意	不同意	不清楚	同意	非常同意
21	本地区制造企业及高新技术企业愿意参加科技服务领域的知识、技术交流论坛和交易会	①	②	③	④	⑤
22	科技基础设施的发达程度是推动科技服务业协同发展的重要因素	①	②	③	④	⑤
23	社会的创新氛围是推动科技服务业协同发展的重要因素	①	②	③	④	⑤
24	科技交易市场的规范程度是推动科技服务业协同发展的重要因素	①	②	③	④	⑤
25	我们会与其他细分业态服务机构进行资源互补与合作	①	②	③	④	⑤
26	我们会与其他细分业态服务机构进行技术贸易和正式服务合作	①	②	③	④	⑤
27	我们会与其他细分业态服务机构进行非正式的知识、经验和技术的交流	①	②	③	④	⑤
28	我们与其他细分业态服务机构的合作积极性增加了	①	②	③	④	⑤
29	我们希望与其他细分业态服务机构的这种协同合作关系持续下去	①	②	③	④	⑤
30	我们与其他细分业态服务机构之间的合作范围扩大了，有了更多的合作机会	①	②	③	④	⑤

参 考 文 献

中文文献

[1] 王静. 集聚视角下科技服务业区域非均衡发展及影响因素研究 [D]. 沈阳：沈阳工业大学，2017.

[2] 刘敏. 山西省科技服务业系统动力学建模与实证研究 [D]. 太原：中北大学，2017.

[3] 张鹏. 解读《关于加快科技服务业发展的若干意见》：提质增效升级的重要引擎 [J]. 服务外包，2014（06）：48-49.

[4] 中华人民共和国国务院. 国务院关于加快科技服务业发展的若干意见 [R]. 北京：中华人民共和国国务院，2014.

[5] 李晓龙，冉光和，郑威. 科技服务业空间集聚与企业创新效率提升——来自中国高技术产业的经验证据 [J]. 研究与发展管理，2017，29（4）：1-10.

[6] 国家科委. 关于加快发展科技咨询、科技信息和技术服务业的意见 [EB/OL]. 1992，http://www.doc88.com/p-0018540001346.html.

[7] 程梅青，杨冬梅，李春成. 天津市科技服务业的现状及发展对策 [J]. 中国科技论坛，2003（5）：70-75.

[8] 王永顺. 加快发展科技服务业提升创新创业服务水平 [J]. 江苏科技信息，2005（8）：1-2.

[9] 杜振华. 科技服务业发展的制度约束与政策建议 [J]. 宏观经济管理，2008（12）：30-32.

[10] 蒋永康，梅强，李文远. 关于科技服务业内涵和外延的界定

[J]. 商业时代, 2010 (6): 111-112.

[11] 吴标兵, 许为民, 许和隆, 等. 大数据背景下科技服务业发展策略研究 [J]. 科技管理研究, 2015 (10): 105-109.

[12] 王仰东, 杨跃承, 赵志强. 高技术服务业的内涵特征及成因分析 [J]. 科学学与科学技术管理, 2007 (11): 42-47.

[13] 高本泉. 威海市科技服务业发展的思考 [J]. 科学与管理, 1995, 15 (1): 36-37.

[14] 徐嘉玮. 科技服务业界定研究综述 [J]. 科技管理研究. 2013 (24): 40-43.

[15] 王晶, 谭清美, 黄西川. 科技服务业系统功能分析 [J]. 科学学与科学技术管理, 2006 (6): 37-40.

[16] 藏晓娟. 国外科技服务业先进经验模式对中国的启示 [J]. 商业经济, 2014 (3): 4-12.

[17] 祁明, 赵雪兰. 中国科技服务业新型发展模式研究 [J]. 科技管理研究, 2012 (22): 118-121, 125.

[18] 孟庆敏, 梅强. 科技服务业与制造企业互动创新的机理研究与对策研究 [J]. 中国科技论坛, 2011 (5): 38-42.

[19] 李键, 刘红梅. 当议现代科技服务业发展模式 [J]. 科技与企业, 2015 (09): 3.

[20] 廖颖宁. 科技服务业结构优化模式与广东的实践 [J]. 科技管理研究, 2015 (11): 127-133.

[21] 张前荣. 发达国家科技服务业发展经验及借鉴 [J]. 宏观经济管理, 2014 (11): 86-87.

[22] 高劼祎. 科技服务业集成化发展模式研究 [J]. 中国商论, 2015 (13): 144-146.

[23] 厉娜, 谭思明, 刘瑾. 互联网模式下科技服务业发展战略研究 [J]. 特区经济, 2016 (6): 165-166.

[24] 李建标, 汪敏达, 任广乾. 北京市科技服务业发展研究——

基于产业协同和制度谐振的视角[J]. 科技进步与对策, 2011, 28 (7): 51-56.

[25] 周敏, 杨南粤. 从生态学角度看广东科技服务业的发展[J]. 广东技术师范学院学报: 社会科学, 2012 (6): 19-53.

[26] 韩晨. 面向区域一体化的科技服务业生态系统发展模式研究[D]. 广州: 华南理工大学, 2012.

[27] 杨勇, 李江帆, 王利文. 发展科技服务业推进生产服务业发展——台湾新竹科技园科技服务调研[J]. 南方经济, 2013 (10): 77-84.

[28] 张振刚, 李云健, 陈志明. 科技服务业对区域创新能力提升的影响——基于珠三角地区的实证研究[J]. 中国科技论坛, 2013 (12): 45-51.

[29] 宁凌, 李家道. 美日英科技服务业激励政策的比较分析及启示[J]. 科技管理研究, 2011 (10): 26-30.

[30] 刘鹏, 蔡玉坤. 促进地方科技服务业发展的财税激励政策研究——以青岛市为例[J]. 山东青年政治学院学报, 2012, 28 (6): 116-120.

[31] 张玉强, 宁凌. 科技服务业激励政策的多元分析框架[J]. 科技进步与对策, 2011, 28 (12): 106-110.

[32] 陈岩峰, 吕一尘. 促进广东科技服务业发展政策支持体系研究[J]. 科技管理研究, 2011 (14): 28-32.

[33] 李春成, 和金生. 完善我国区域服务业创新的政策体系研究[J]. 科学学研究, 2009 (5): 721-727.

[34] 贺志姣. 产业生态理论视角下湖北省科技服务业发展政策支持体系研究[J]. 科技进步与对策, 2014 (21): 104-109.

[35] 李晓峰, 王双双. 中心城区科技服务业SWOT分析及发展策略研究[J]. 科技管理研究, 2005 (19): 61-63, 75.

[36] 贾宝林, 宁凌, 刘亮. 科技服务业激励政策体系中的政府作

用 [J]. 科技管理研究, 2011 (13): 23-25.

[37] 饶彩霞, 唐五湘, 周飞跃. 我国科技金融政策的分析与体系构建 [J]. 科技管理研究, 2013 (20): 31-35.

[38] 杜赛花, 吕一尘. 部分国家地区科技服务业发展中政府作用的比较研究及启示 [J]. 科技管理研究, 2011 (12): 9-13.

[39] 李丽. 广东科技服务业发展中的政府作用研究 [D]. 广州: 华南理工大学, 2013.

[40] 钟小平. 科技服务业产业集聚: 市场效应与政策效应的实证研究 [J]. 科技管理研究, 2014 (05): 88-94, 99.

[41] 田波. 谈中国科技服务业发展的若干问题及其对策 [J]. 科技管理研究, 2013 (01): 41-44.

[42] 王安琪. 区域科技服务业发展水平评价指标体系建构 [J]. 经济论坛, 2016 (4): 85-87.

[43] 周梅华, 徐杰, 王晓珍. 地区科技服务业竞争力水平综合评价及实证研究——以江苏省13个城市为例 [J]. 科技进步与对策, 2010, 27 (8): 137-140.

[44] 朱卫东, 谭清美. 基于系统构成要素功能的科技服务业评价指标体系研究 [J]. 科学学研究, 2009 (2): 373-375.

[45] 李志刚. 科技中介服务业建设水平评价指标体系研究 [J]. 科学学与科学技术管理, 2004 (8): 88-91.

[46] 张术茂. 基于因子分析法的沈阳科技服务业发展水平研究 [J]. 科技管理研究, 2011 (14): 81-84.

[47] 葛育祥, 忻国能. 面向科技服务型企业的信息能力研究 [J]. 科技进步与对策, 2011 (11): 123-127.

[48] 张清正. 中国科技服务业空间演化及影响因素研究 [J]. 科技进步与对策, 2015, 32 (10): 36-39.

[49] 李明宇, 倪筱楠. 我国科技服务业上市公司综合绩效评价 [J]. 企业经济, 2015 (01): 123-126.

[50] 陶颜,周丹.企业服务创新能力评价体系的构建与实证[J].技术经济,2014(11):25-30.

[51] 郭东海.我国科技企业创新管理能力评价研究[J].科学管理研究,2012(06):65-68.

[52] 宋谦,王静.我国科技服务业发展水平评价——基于改进突变级数法[J].科技管理研究,2017(6):51-58.

[53] 张成华.长三角地区科技服务业发展水平的综合评价研究[J].产业经济,2014(10):188-190.

[54] 薛富宏.黑龙江省科技服务业发展水平评价研究[D].哈尔滨:哈尔滨理工大学,2014.

[55] 陈文强.浙江科技服务业发展研究[M].杭州:浙江科学技术出版社,2015.

[56] 王海龙,丁堃,沈喜玲.科技服务业创新驱动效应研究——以辽宁投入产出表为例[J].科技进步与对策,2016,33(15):38-43.

[57] 张孟裴.中国科技服务业策略研究——以辽宁省为例[D].锦州:渤海大学,2014.

[58] 张丽霞.江西省科技服务业发展水平研究[D].南昌:南昌大学,2016.

[59] 杨龙墊.我国科技服务业发展问题与对策研究[D].青岛:中国海洋大学,2010.

[60] 孟庆敏.科技服务业机构与中小企业之间的知识转移研究[D].镇江:江苏大学,2012.

[61] 中华人民共和国国务院.国务院关于印发"十三五"国家战略新兴产业规划的通知[J].居业,2016(12):3-22.

[62] 吴国蔚.高新技术产业国际化经营[M].北京:中国经济出版社,2002.

[63] 李建军.高新技术企业自主创新支撑机制研究[D].西安:

西安理工大学，2008.

[64] 龙云凤，李栋亮. 国外科技服务业政府管理模式及对广东的启示 [J]. 科技管理研究，2011 (19)：35-38.

[65] 洪晓军. 创新平台的概念甄别与构建策略 [J]. 科技进步与对策，2008，25 (7)：7-9.

[66] 张欣. 企业知识管理研究综述 [J]. 中国科技论坛，2011 (3)：121-126.

[67] 颜佳华，吕炜. 协商治理、协作治理、协同治理与合作治理概念及其关系辨析 [J]. 湘潭大学学报（哲学社会科学版），2015，39 (2)：14-18.

[68] 张飞，陈子辰，熊励等. 企业协同商务的可持续性分析 [J]. 系统工程理论与实践，2006 (4)：104-113.

[69] 陈霞，王彩波. 有效治理与协同共治：国家治理能力现代化的目标及路径 [J]. 探索，2015 (5)：48-53.

[70] 王吉发，敖海燕，陈航. 基于创新链的科技服务业链式结构及价值实现机理研究 [J]. 科技进步与对策，2015，32 (15)：59-63.

[71] 李顺才，李伟，聂鸣. 联盟企业网络嵌入性收益的差异性来源研究 [J]. 科研管理，2011，32 (6)：91-99.

[72] 张清正，李国平. 中国科技服务业集聚发展及影响因素研究 [J]. 中国软科学，2015 (7)：75-93.

[73] 贺志姣. 产业生态理论视角下湖北省科技服务业发展政策支持体系研究 [J]. 科技进步与对策，2014，31 (21)：104-109.

[74] 李晓龙，冉光和，郑威. 科技服务业空间集聚与企业创新效率提升——来自中国高技术产业的经验证据 [J]. 研究与发展管理，2017，29 (4)：1-10.

[75] 魏淑艳. 我国科技资源共享的有效路径探究 [J]. 科学管理研究，2005，23 (3)：32-35.

[76] 胡笑梅，吴思函."大众创业、万众创新"下产业信息服务

模式研究 [J]. 情报科学, 2017, 35 (12): 50 - 54.

[77] 徐云杰. 社会调查设计与数据分析 [M]. 重庆: 重庆大学出版社, 2011.

[78] 胡晓瑾, 解学梅. 基于协同理念的区域技术创新能力评价指标体系研究 [J]. 科技进步与对策, 2010, 27 (2): 101 - 104.

[79] 吴泗. 基于产业生态理论的科技服务业发展分析 [J]. 科技管理研究, 2012 (12): 105 - 109.

[80] 汤亚非, 邹纲明. 我国科技技术市场交易特点分析 [J]. 科技管理研究, 2009 (12): 41 - 43.

[81] 周建鹏. 我国区域环境治理模式创新研究——以湘黔渝"锰三角"为例 [D]. 甘肃: 兰州大学, 2013.

英文文献

[1] David Doloreux, Anika Laperrie`re. Internationalisation and innovation in the knowledge-intensive business services [J]. Service Business, 2014, 4 (8): 635 - 657.

[2] DANIEL BELI. The coming of post industrial society [M]. New York: American Education Book ltd, 1974.

[3] Hertog D. P. Knowledge - Intensive Business Services as Co-producers of Innovation [J]. International Journal of Innovation Management, 2000, 4 (4): 491 - 528.

[4] Muller E, Doloreux D. What we should know about knowledge-intensive business services [J]. Technology in Society, 2009 (31): 76 - 80.

[5] Xing Shi, Yanrui Wu, Dingtao Zhao. Knowledge intensive business services and their impact on innovation in China [J]. Service Business, 2014, 4 (8): 479 - 498.

[6] COHEN, ZYSMAN. Manufacturing matters: The myth of the post-industrial economy [M]. New York: Basic Books, 1987.

［7］Plewa C, Korff N, Baaken T, Macpherson G. University-industry linkage evolution: an empirical investigation of relational success factors ［J］. R&D Management, 2013, 43 (4): 365 – 380.

［8］Muscio A, Pozzali A. The effects of cognitive distance in university-industry collaborations: some evidence from Italian universities ［J］. The Journal of Technology Transfer, 2012, 37 (3): 1 – 23.

［9］Galan – Muros V, Plewa C. What drives and inhibits university-business cooperation in Europe? A comprehensive assessement ［J］. R&D Management, 2016, 46 (2): 369 – 382.

［10］Etzkowitz H, Leydesdorff L. The dynamics of innovation: form national systems and "Mode 2" to a triple helix of university-industry-government relations ［J］. Research Policy, 2000, 29 (2): 109 – 123.

［11］Veugelers R, Cassiman B. R&D cooperation between firms and universities: some empirical evidence form Belgian munafacturing ［J］. International Journal of Industrial Organization, 2005, 23 (5/6): 355 – 379.

［12］Schilke O, Lumineau F. The double-edged effect of contracts on alliance performance ［J］. Journal of Management, 2018, 44 (7): 2827 – 2858.

［13］Heidi U. Morehead. Rural health network effectiveness: an analysis at the network level ［D］. Blacksburg: Virginia Tech, 2008.

［14］Persaud A. Enhancing synergistic innovative capability in multinational corporations: an empirical investigation ［J］. Journal of Product Innovation Management, 2005, 22 (5): 412 – 429.